安全生产知识百点通丛书

安全风险分级管控
知识百点通

主　编　李佳琦　赵晶荣
副主编　王　彪　王登辉

中国劳动社会保障出版社

图书在版编目（CIP）数据

安全风险分级管控知识百点通 / 李佳琦，赵晶荣主编 . -- 北京 : 中国劳动社会保障出版社，2024

（安全生产知识百点通丛书）

ISBN 978-7-5167-6468-8

Ⅰ.①安… Ⅱ.①李…②赵… Ⅲ.①安全生产 - 风险管理 - 基本知识 Ⅳ.①X93

中国国家版本馆 CIP 数据核字（2024）第 107075 号

中国劳动社会保障出版社出版发行

（北京市惠新东街 1 号　邮政编码：100029）

*

北京昌联印刷有限公司印刷装订　　新华书店经销

880 毫米 ×1230 毫米　32 开本　4.125 印张　94 千字

2024 年 6 月第 1 版　　2024 年 6 月第 1 次印刷

定价：18.00 元

营销中心电话：400-606-6496

出版社网址：http://www.class.com.cn

版权专有　　　侵权必究

如有印装差错，请与本社联系调换：（010）81211666

我社将与版权执法机关配合，大力打击盗印、销售和使用盗版图书活动，敬请广大读者协助举报，经查实将给予举报者奖励。

举报电话：（010）64954652

"安全生产知识百点通丛书"
编委会

主　任：佟瑞鹏

委　员：张　燕　周晓凤　孙　浩　张渤苓　王露露　王乐瑶
　　　　张东许　赵　旭　孙宁昊　和杰花　李佳航　胡向阳
　　　　王　乾　梁梵洁　李　鑫　赵云昊　李宝昌　王宇昊
　　　　董秉聿　李　铭　王冬冬　袁嘉淙　王　彪　王登辉
　　　　姚泽旭　尹雪晨　郭　钰　孙鹏依　韩吉祥　张晓磊
　　　　孟子尧　刘贤鹏　柴文浩　李慕晨　未宗帅　毛　颖
　　　　王益艳　赵晶荣　董国宇　杨昂滨　武　琪　李佳琦
　　　　张笑璇　连芳菲　王智浩　李　晨　毛康铭

内容简介

本书是"安全生产知识百点通丛书"之一，以问答的形式介绍安全风险分级管控的相关知识，主要内容包括安全风险分级管控基础概念、双重预防机制基础概念、安全风险辨识、风险评估及应用、风险分级管控、风险分级管控的支持与完善、安全风险分级管控机制应用等。

本书选题典型，通俗易懂，文字简洁，版式设计新颖且活泼，配以原创漫画插图，生动直观。本书可作为各类用人单位负责人、安全生产管理人员及一线从业人员了解和学习安全风险分级管控相关知识的普及读物。

目 录

一、安全风险分级管控基础概念 ·················· 1
   1. 什么是安全？·································· 1
   2. 什么是风险？·································· 2
   3. 什么是隐患？·································· 3
   4. 什么是风险管理？······························ 3
   5. 风险管理的目标是什么？························ 5
   6. 什么是风险点？································ 6
   7. 什么是风险辨识？······························ 7
   8. 什么是风险评估？······························ 8
   9. 什么是风险信息？······························ 9
  10. 什么是可接受风险？··························· 10

二、双重预防机制基础概念 ······················ 12
  11. 什么是双重预防机制？构建双重预防机制的原则
      是什么？··································· 12
  12. 双重预防机制和安全生产标准化是什么关系？····· 13
  13. 双重预防机制和安全生产主体责任是什么关系？··· 15
  14. 双重预防机制与全员安全生产责任制有什么关系？··· 16

15. 双重预防机制与 PDCA 循环的关系是什么? ……… 16
16. 与双重预防机制有关的法律、法规、标准有哪些? …… 17
17. 双重预防机制的支撑体系是什么? ……………… 19
18. 企业双重预防机制在实际运行中应避免哪些问题? …… 21
19. 风险与隐患是什么关系? ………………… 22
20. 风险分级管控与隐患排查治理是什么关系? ……… 23
21. 如何识别风险点? 风险点级别如何确定? ……… 24
22. 如何落实各级风险管控责任? ……………… 25
23. 什么是风险数据库? 作用是什么? ………… 27
24. 风险点与危险源是什么关系? ……………… 29
25. 事故隐患与危险源有什么联系与区别? ………… 30
26. 安全风险和事故隐患怎么分级? ……………… 31
27. 事故隐患和"三违"有什么区别和联系? ……… 33
28. 重大危险源、重大风险、重大事故隐患三者之间的联系和区别是什么? ……………… 34

三、安全风险辨识 ……………………………… 36

29. 安全风险辨识的内容有哪些? ……………… 36
30. 企业安全风险辨识工作需要哪些人参与? ……… 38
31. 风险点划分原则与排查思路是什么? ………… 38
32. 企业开展安全风险辨识应做好哪些准备工作? 要注意什么问题? ……………………… 39
33. 企业进行安全风险辨识的流程? …………… 41
34. 安全风险辨识的方法有哪些? ……………… 42
35. 企业应多久进行一次安全风险辨识? ………… 43
36. 安全风险辨识结果审核有哪些注意事项? ……… 44
37. 我国法律法规对重大危险源管理有哪些要求? …… 46

38. 企业进行安全风险辨识时需要考虑哪些法律、法规和标准？ …… 48
39. 对于不同的安全风险，应该如何进行优先级排序？ …… 50

四、风险评估及应用 …… 52

40. 风险评估的流程是什么？ …… 52
41. 风险评估的分类及特点？ …… 53
42. 安全风险评估可采用哪些方法？ …… 54
43. 如何评估危险源的风险等级？ …… 56
44. 企业安全生产的风险有哪几类？ …… 58
45. 安全风险清单如何编制？ …… 59
46. 什么是风险告知卡？内容包括哪些？ …… 61
47. 安全风险辨识评估报告应包括哪些内容？ …… 62
48. 风险数据初始化和持续更新需要注意哪些问题？ …… 63
49. 如何应用安全风险辨识评估结果？ …… 65
50. 如何应用安全风险清单？ …… 66
51. 应采取哪些措施来完善企业安全风险清单？ …… 66
52. 如何实现风险数据库的持续优化？ …… 67

五、风险分级管控 …… 70

53. 什么是风险分级管控？ …… 70
54. 风险分级管控的基本目的和要求是什么？ …… 70
55. 风险分级管控的基本流程与逻辑是什么？ …… 71
56. 风险分级管控共分为几级？ …… 72
57. 风险控制措施有哪些？ …… 74
58. 如何落实风险分级管控？ …… 76

59. 风险分级管控体系建设制度包括什么？ ……… 78
60. 风险分级管控体系的特点有哪些？ ………… 79
61. 岗位风险管控清单的作用是什么？如何使用？ …… 80
62. 基层人员如何开展风险防控？ ……………… 81
63. 企业风险分级管控的对象是什么？运行流程是怎样的？ ……………………………………… 83
64. 班组如何动态管理风险？ …………………… 84
65. 为什么有些企业要制定重大安全风险管控方案？ …… 86
66. 如何进行重大安全风险管控？ ……………… 87

六、风险分级管控的支持与完善 ……………… 88

67. 企业安全风险分级管控建设的一般流程是什么？ …… 88
68. 企业安全风险分级管控建设涉及哪些文件资料？ …… 88
69. 企业如何进行安全风险分级管控的教育与培训？ …… 90
70. 如何实现风险、隐患一体化管理？ ………… 92
71. 如何发挥督导考核在保障安全风险分级管控有效运行中的作用？ ………………………… 92
72. 如何实现企业安全风险分级管控的智能化创新？ …… 94
73. 智能化风险分级管控平台的基本要求有哪些？ …… 95
74. 如何进行智能化风险分级管控的信息平台构建？ …… 95
75. 安全风险分级管控体系如何运行？ ………… 97
76. 如何保障全员参与安全风险分级管控建设运行？ …… 99
77. 企业如何实现安全风险分级管控工作持续改进？ …… 100
78. 企业如何确保安全风险分级管控体系的常态化运行？ … 102
79. 企业如何进行安全风险分级管控可视化？ ………… 103
80. 为保障安全风险分级管控机制运行，《中华人民共和国安全生产法》有哪些规定？ ………… 104

81. 如何发挥监督检查在保障安全风险分级管控有效运行中的作用? ……………………………………… 107

七、安全风险分级管控机制应用 …………………… 109

82. 一些中小企业从业人员少、技术力量不足时如何建立安全风险分级管控机制? ……………… 109
83. 安全风险分级管控体系和岗位标准作业流程是什么关系? ……………………………………… 109
84. 安全风险分级管控与现有安全管理体系的联系与区别是什么? ………………………………… 111
85. 为什么说双重预防机制能有效遏制重特大事故? …… 112
86. 如何实现双重预防机制和安全生产标准化的融合应用? ………………………………………… 113
87. 如何通过创新安全风险分级管控机制来提高企业安全管理工作的质量? ……………………… 114
88. 岗位标准作业流程与安全风险分级管控体系的融合路径是什么? ……………………………… 115
89. 安全风险分级管控如何与安全生产责任制相融合? …… 118
90. 如何基于双重预防机制数据实现安全风险的动态评估? ………………………………………… 120

一、安全风险分级管控基础概念

1. 什么是安全？

安全是指受到保护，不受各种类型故障、损坏、错误、意外、伤害或其他不情愿事件的影响。安全是人们免遭不可接受风险的状态。这里的状态指一个物体、一件事情、一个时间段、一个空间环境、一个组织或单位等的状态。一种状态是否安全，随技术发展、知识水平、社会发展阶段的不同而不同。因此，安全具有相对性。

安全不仅包括个体在身体、经济、社交和心理层面的稳定，也涉及社会秩序的维护和对未知风险的防范。在这种状态下，个体能够享受相对的稳定和自由，社会能够维持公正和和谐。

安全的本质体现在对生存、发展和幸福的追求上，是一个复杂而深刻的概念，贯穿于个体的日常生活、社会制度和哲学思考之中。

2. 什么是风险？

风险是指在进行某种活动或决策时，可能发生不利事件或损失的概率及严重程度。风险通常与不确定性和可能的负面结果相关联。在日常生产和生活中，人们都需要应对各种类型的风险。

安全风险则是安全事故发生的可能性与其后果严重性的组合。

（1）安全风险涉及多个方面，包括物理安全风险、信息安全风险、职业健康与安全风险等。

1）物理安全风险。物理安全风险可能导致人员伤亡、设备损坏或财产损失，如入侵、盗窃、破坏等。

2）信息安全风险。信息安全风险涉及未经授权的访问、数据泄露、网络攻击等，可能危及企业的敏感信息和业务运作。

3）职业健康与安全风险。职业健康与安全风险涉及工作环境中的潜在危险，如事故、职业病、紧急情况等。

（2）风险管理是一个系统性过程，用于辨识、评估和控制潜在的风险。这个过程包括以下步骤：

1）风险辨识。辨识可能对企业安全产生负面影响的潜在威胁，包括自然灾害、技术故障、人为错误等。

2）风险评估。针对已辨识的风险，评估事故发生的可能性及其后果严重性，便于确定对哪些风险采取优先控制措施。

3）风险控制。制定和实施风险控制措施，以减少或管理风险。风险控制措施包括安全政策、技术解决方案、培训和紧急计划等。

4）监测和审查。定期监测和审查已实施的风险控制措施，以确保其有效性，并根据需要进行调整。

在安全管理中，理解和管理风险是确保企业持续安全的关键一环，有助于预防事故，使潜在的负面影响最小化，并确保做好应对各种安全挑战的准备。

3. 什么是隐患？

隐患是指可能导致人员、财产或环境受到威胁的未被察觉或未被充分重视的问题。在实际生产中，作业现场往往存在多处隐患，举例如下：

（1）工作场所安全隐患，如未经修复的电气设备、不当存放的化学品、没有明显标识的危险区域等。

（2）建筑结构安全隐患，如裂缝、腐蚀、结构设计缺陷等，可能导致建筑物结构不牢固，存在倒塌的风险。

（3）交通系统安全隐患，包括路面状况不良、交叉口设计不当、交通信号故障等，可能引发交通事故。

（4）环境安全隐患，如污染源未加控制、废弃物处理不当等，可能对周围环境和生态系统造成潜在威胁。

隐患是需要及时发现和处理的，因为它们可能在未来导致事故或造成损害。企业应提前采取措施，对隐患进行有效管理，防范潜在风险，从而提高安全性。

有效的隐患管理包括隐患排查、评估、报告和治理。排查和治理隐患是预防事故和提高安全性的关键步骤。企业应进行隐患排查和评估，以解决潜在的安全问题。隐患治理有助于预防事故，保护人们的生命和财产安全。加强隐患管理的措施包括定期开展安全检查和教育培训、建立报告机制等。

4. 什么是风险管理？

风险管理起源于美国。20世纪中叶，风险管理作为一门系统的管理科学被提出，随后形成近乎全球性的风险管理运动。20世纪70年代，风险管理的概念、原理和实践传播到世界各地，这是社会生产力和科学技术发展到一定阶段的必然产物，风险管理的发展也积极推动着人类文明的进步。

风险管理是一门研究风险发生规律和风险控制技术的学科，因为风险管理的应用极为广泛，在各个领域中的管理目标不尽相同，所以各个领域对风险管理的定义也不相同。《风险管理指南》（ISO 31000：2018）对风险管理的定义如下：指导和控制某一组织与风险相关问题的协调活动。指导是指明和引导，控制是指对事物起因、发展及结果全过程的一种把握，协调是为了实现一致性并使之得到配合。

风险管理是一个动态过程，需要根据企业内部变化和外部环境演变进行不断更新和调整。它有助于企业更好地应对挑战，提高决策质量，保护资产和利益，以确保企业长期可持续发展。

在安全管理领域，安全风险管理是指通过识别企业生产经营活动中存在的危险、有害因素，运用定性或定量的统计分析方法确定事故发生的可能性及其后果严重性，进而确定风险控制的优先顺序和风险控制措施，为达到改善安全生产环境、减少和杜绝生产安全事故的目的而采取的措施和规定。

知识学习

风险管理的核心是降低损失，即在事故发生前防患于未然，预见将来可能发生的损失或者在事故发生后采取消除事故隐患和降低损失的办法。从风险管理流程看，风险管理的每个环节都是为了降低损失。评估风险是为了预测事故可能造成的损失，预先做好降低损失的安排；控制风险是为了降低已经发生的事故所造成的损失。

5. 风险管理的目标是什么？

（1）风险管理的首要目标。只有企业存在，其目标才有可能实现。因此，风险管理的首要目标是保证企业在经济社会中作为一个经营实体存在。风险管理的首要目标是确保企业的其他目标不会因为纯粹风险而无法实现。这意味着风险管理的首要目标不是使成本最小化，不是为企业营利直接做出贡献，也不是法律要求的企业应该履行的责任，而是确保企业经营的有效性。对大多数企业来说，这个目标可以理解为"避免企业破产"。

（2）风险管理的具体目标。除了首要目标，风险管理还有一些其他目标。风险管理的目标可分为损前目标和损后目标，二者的有效结合，构成了完整而系统的风险管理目标。

1）损前目标。损前目标是事故发生之前风险管理应实现的目标，以避免和减少事故发生。损前目标具体包括经济合理目标、安全系数目标、社会责任目标。

2）损后目标。损后目标是在事故发生后，消除、改变引发事故的风险因素，减少造成的损失，最大限度地使企业恢复到事故发生前的状态。损后目标具体包括企业生存目标、持续经营目标、收益稳定目标、发展目标和社会责任目标。

6. 什么是风险点？

风险点是指可能存在风险的部位、设施、场所和区域，以及在特定部位、设施、场所和区域实施的可能存在风险的作业过程，或以上两者的组合。例如，危险化学品罐区、液氨站、煤气炉、木材仓库、制冷装置是风险点，在罐区进行的倒罐作业、在防火区域内进行的动火作业、高温液态金属的运输过程等也是风险点。风险点有时亦称为风险源。排查风险点是风险分级管控的基础。对风险点内的不同危险源或危险、有害因素（与风险点相关联的人、物、环境及管理等因素）进行识别、评估，并根据评估结果、风险判定标准认定风险等级，采取不同控制措施，是风险分级管控的核心。

在安全风险管理中，风险点是指可能导致人员伤亡、财产损失、环境破坏或其他不利后果的特定场所、活动或环境条件，这些风险点通常与特定的威胁或危险相关联。风险点通常根据发生事故或事件的可能性（发生概率）和这些事故或事件可能造成后果的严重程度来评估。可以通过对工作环境、操作程序或系统设计的分析来辨识风险点，并对其可能导致的风险进行评估。综合来看，风险点是安全风险分级管控中不可忽视的一环，它涉及风险的辨识、评估和控制。对风险点进行有效管理，可以显著降低事故发生率，保障人员安全，保护环境。常见风险点分为以下几类：

（1）物理风险点。物理风险点是指可能导致身体伤害或安全威胁的特定地点或情境。这些风险点普遍存在于多种环境，如工业作业场所、公共空间和住宅区域等。例如，在工业作业场所，常见的物理风险点包括机械设备的移动部件、高温表面、机器设备的故障、化学品泄漏区域等。

（2）操作风险点。操作风险点是指在企业日常生产经营过程中可能导致损失或伤害的各种内部或外部因素。这类风险点通常源于系统故障、人为错误、程序缺陷或外部事件。例如，企业的操作风险点包括作业人员失误（如在制造过程中的疏忽或错误操作）与法规遵从性问题（如未能遵守相关法规）。有效管理这些风险点需要综合考虑内部控制、风险评估程序以及应急准备和响应计划。

（3）环境风险点。环境风险点是指环境因素或人为活动可能导致对生态系统、人身健康或财产造成损害的情况或地点。这些风险点可能源于自然灾害（如洪水、地震、飓风）、工业污染（包括空气、水和土壤污染）、有害物质泄漏、生态系统破坏（如过度开采或森林砍伐）以及气候变化所带来的长期影响。例如，低洼地区可能面临更高的洪水风险，而工业区域可能因为有毒废物的不当处理而对周围环境造成严重威胁。这些环境风险点需要通过有效的环境管理、合规的监控和持续的风险评估加以控制，以保护环境和确保公共安全。

7. 什么是风险辨识？

风险辨识是风险管理初始且关键的步骤，它包括系统地辨识和描述可能威胁企业整体或个别活动的所有潜在风险。这个过程不仅关注找出可能发生的事故或事件，还包括对这些事故或事件的来源、性质和潜在影响进行全面分析。风险辨识包括以下几个关键要素：

（1）辨识潜在风险。辨识潜在风险包括对可能威胁企业目标实现的各种内部和外部因素的辨识。内部风险可能源于企业内部的流程、系统、设备、人员等，外部风险可能来自市场变动、自然灾害等。

（2）记录和分类。一旦辨识出潜在风险，就要对其进行记录，内容应包括风险描述、风险可能来源、预期影响和影响领域。此外，应根据潜在风险的性质、影响对潜在风险进行分类，有助于风险评估和优先级设置。

（3）分析风险影响。评估每个风险的具体影响，包括可能导致事故后果的严重性和事故发生的可能性。评估可能导致事故后果的严重性，要考虑风险对工程进度、预算、资源、质量等方面的影响，以及这些影响对整体目标的重要性。评估事故发生的可能性通常涉及对事故发生概率的估计，可以基于历史数据、专家判断或统计分析。

（4）制定风险应对策略。基于风险辨识的结果，制定相应的风险应对策略，以减轻或消除这些风险的影响。在制定风险应对策略时，应着重考虑企业的整体风险承受能力、资源可用性以及风险对企业目标的潜在影响。这个过程还包括制订应急计划和预案，以便在事故发生时迅速有效地应对。

8. 什么是风险评估？

风险评估是风险管理过程的一个关键组成部分，它涉及对辨识出的风险进行系统分析和评估，以确定每个风险的重要性和处理优先级。风险评估的主要目的是帮助企业理解并量化潜在风险的影响，从而做出正确决策。风险评估通常包括以下几个关键步骤：

（1）风险分析。在辨识风险之后，首先进行风险分析。这包括评估每个风险导致事故发生的可能性（事故发生的概率）和后果严重性（事故可能造成的损失或后果）。风险分析有助于确定哪些风险最需要关注。

（2）风险估值。在风险分析的基础上，进行风险估值。这通常涉及为风险导致事故发生的可能性和后果严重性分配数值或等级，并计算出一个综合的风险值。

一、安全风险分级管控基础概念　　9

（3）风险处理优先级确定。根据估值结果，对风险进行排序或分类，以确定哪些风险需要优先处理。通常，事故发生的可能性高和后果严重的风险被赋予最高的优先级。

（4）决策制定。风险评估为制定风险应对策略提供信息依据，便于制订相应的风险缓解或管理计划。风险评估是一个动态过程，随着项目进展或外部环境的变化，需要定期重新进行，便于企业及时调整其风险应对策略，确保能够有效应对新出现或变化的风险。

9. 什么是风险信息？

风险信息是指与企业、项目或流程中潜在或实际风险相关的数据和知识，通常包括风险来源、性质、可能性和后果严重性等。风险信息的核心作用在于帮助企业了解和评估潜在风险，以便更好地规划、应对和减轻这些风险。风险信息的来源包括以下几个方面：

(1) 内部来源，可分为 3 个方面。

1) 从业人员反馈。从业人员是宝贵的信息来源，他们对日常运营中可能出现的问题和风险有直接的了解。

2) 项目报告和历史记录。过去项目的经验、问题和解决方案可以提供关于潜在风险的重要信息。

3) 财务报表和数据。财务数据可以揭示财务风险，如现金流短缺、成本加大等。此外，审计报告通常会指出操作中的风险和不合规行为。

(2) 外部来源，可分为 3 个方面。

1) 市场趋势和经济状况。经济指标、市场研究报告可以提供宏观经济风险信息。

2) 法律和法规变化。法律和法规的更新可能带来合规风险。

3) 社会环境。政策变化、社会趋势都可能影响企业的运营。

(3) 专业和行业来源，可分为 2 个方面。

1) 行业报告和分析。专业机构发布的行业报告可以提供特定行业的风险趋势和预测。专业顾问可以提供关于特定领域的深入风险分析和建议。

2) 行业协会和组织。这些组织通常发布有关行业标准、最佳实践和风险管理的信息。

(4) 信息技术系统，可分为 2 个方面。

1) 数据分析工具。高级数据分析可以揭示隐含的风险模式和趋势。

2) 监控系统。用于监测操作效率、网络安全等方面的系统，可以及时发现相关风险。

10. 什么是可接受风险？

可接受风险是指预期的风险事件的最大损失程度在单位或

个人经济能力和心理承受能力的最大限度之内。可接受风险值是指在确定的经济技术条件下，经过长期积累或反复验证并被单位或个人接受的风险值，亦称为安全指标。企业确定可接受风险所依据的最低准则是企业适用的法律法规要求，在此基础上，企业可提出高于法律法规要求的可接受风险界定准则。评估可接受风险的标准通常包括以下几个方面：

（1）风险事件的可能性，即风险事件发生的概率。

（2）风险事件的影响，即风险事件对企业目标实现的负面影响程度。

（3）风险事件的价值，即风险事件对企业的价值影响，包括可能的收益和损失。

在风险评估过程中，可以采用定性评价方法、相对评价方法和概率评价方法等，因此，可接受风险的表现形式也不相同。例如，定性评价方法的可接受风险直接表现为法规或经验要求；相对评价方法常引用加权系数，通过一定的数理关系将各风险整合在一起，最终算出总的风险评分；概率评价方法使用周期死亡概率作为可接受风险量化值。对于风险评估的结果，人们往往认为风险越小越好。实际上，这是一个错误的想法，无论是降低风险事件的概率，还是采取防范措施使风险事件造成的损失降到最小，都要投入资金、技术和劳务。"风险与利益间要取得平衡""接受合理的风险"，都是确定可接受风险的原则。正确的做法是将风险限定在一个合理、可接受的水平上，根据风险影响因素，经过优化，寻求出最佳方案。

二、双重预防机制基础概念

11. 什么是双重预防机制？构建双重预防机制的原则是什么？

双重预防机制是对易发生重特大事故行业领域，采取风险分级管控、隐患排查治理双重预防性工作机制，推动安全生产关口前移，加强应急救援工作，最大限度减少人员伤亡和财产损失。双重预防机制建设的根本任务是通过风险管理，全面辨识并管控各类危险源，从而解决"想不到"的问题。在此基础上，针对我国事故防控出现的屏障（措施）漏洞多、有效性差等主要矛盾，开展隐患排查治理，重点整治人的不安全行为、物的不安全状态以及管理缺陷等，有效遏制防控屏障（措施）无效、低效导致的事故高发势头。双重预防机制建设覆盖了企业安全发展的方方面面，是契合企业安全发展水平的有效做法。构建双重预防机制要把握以下原则：

（1）坚持风险优先原则。以风险管控为主线，把全面辨识、评估风险和严格管控风险作为安全生产的第一道防线。

（2）坚持系统性原则。从人、机、环境、管理4个方面，从风险管控和隐患治理两道防线，从企业生产经营全流程、生命周期全过程开展工作。

（3）坚持全员参与原则。将工作责任分解落实到企业的各层级领导、部门和具体工作岗位。

（4）坚持持续改进原则。持续进行风险分级管控与更新完善，持续开展隐患排查治理，实现双重预防机制不断深入、深化。

> **法律提示**
>
> "双重预防机制"最初出现于《国务院安委会办公室关于印发标本兼治遏制重特大事故工作指南的通知》(安委办〔2016〕3号)、《国务院安委会办公室关于实施遏制重特大事故工作指南构建双重预防机制的意见》(安委办〔2016〕11号)等文件。文件明确指出,双重预防机制就是安全风险分级管控和隐患排查治理。2021年6月10日,在第十三届全国人民代表大会常务委员会第二十九次会议上,双重预防机制被正式写入修改后的《中华人民共和国安全生产法》。

12. 双重预防机制和安全生产标准化是什么关系?

安全生产标准化是指通过建立安全生产责任制,制定安全生产规章制度和操作规程,排查治理隐患和监控重大危险源,建立预防机制,规范生产行为,使各生产环节符合有关安全生产法律法规和标准规范的要求,人(人员)、机(机械)、料(材料)、法(工法)、环(环境)、测(测量)处于良好的生产状态,并持续改进,不断加强企业安全生产规范化建设。安全生产标准化作为一个体系管理工具,覆盖要素比较多,如主要负责人及管理层职责、变更管理、承包商等,这些要素都是风险管控措施,可以认为是双重预防机制中风险管控的具体做法和标准。

双重预防机制关注设备设施、作业活动中可能导致事故发生的因素,辨识、分析其中的风险,制定管控措施,进行分级管控,并对风险管控措施的有效性进行监控(隐患排查治理)。双重预防机制可以作为安全生产标准化的要素组成部分。对企业而言，可以通过双重预防机制建设，采用科学有效的分析方法，对企业风险进行辨识、分级、管控，提升本质安全水平，还可通过对标安全生产标准化中的各级要素，提升企业综合管理水平。

综上所述，双重预防机制与安全生产标准化不是并列的关系，二者也不是毫不相关的两项工作，双重预防机制更不是一项全新的工作。双重预防机制是安全生产标准化的重要组成部分，是其核心要素；双重预防机制包含于安全生产标准化，不能代替安全生产标准化。所以，不存在"双重预防机制与安全生产标准化融合"这样的伪命题，二者本来就是一体的，根本不需要融合。安全生产标准化是企业做好安全生产工作最基础、最全面的工具；双重预防机制则重点强调做好安全生产标准化中的两个核心要素——风险分级管控和隐患排查治理，并对这两个要素进行了细化，提出严格、科学的要求。

所以，企业要想科学地推行双重预防机制，应把安全生产标准化中的风险分级管控和隐患排查治理工作按要求进一步细化、规范化，而不需要重新开展双重预防机制建设。切不可人为地把工作复杂化、机械化、教条化，避免企业做了大量工作而没有取得应有的效果，使工作流于形式。

13. 双重预防机制和安全生产主体责任是什么关系？

责任主体是工作责任的直接承担者和任务的具体落实者。按照《中华人民共和国安全生产法》和有关规定，企业是安全生产责任的直接承担者和安全生产任务的具体落实者。因此，安全生产责任主体就是指企业。企业应当依照规定，在生产经营活动全过程，履行安全生产职责和义务。

企业应当承担的安全生产主体责任包括设备设施保障责任、安全生产资金投入责任、安全生产管理人员配备责任、安全生产责任制和安全生产规章制度制定责任、安全教育培训责任、安全生产管理责任、事故报告和应急救援责任及其他安全生产责任等。

双重预防机制对风险进行分级管控，对隐患进行排查治理，从而构筑防范生产安全事故的两道"防火墙"，切实把每一类风险都控制在可接受范围内，把每一个隐患都治理在形成之初，把每一起事故都消灭在萌芽状态。显然，双重预防机制建设是安全生产管理的有效手段，属于企业应尽的安全生产主体责任之一。

一方面，双重预防机制以素质固安带来的全员素质提升为基础，同时有别于传统的安全生产管理模式，具有关口前移、重点突出等特点，是防范生产安全事故的有效手段。另一方面，双重预防机制是企业落实安全生产主体责任的核心内容和具体体现。

14. 双重预防机制与全员安全生产责任制有什么关系？

全员安全生产责任制是安全生产责任主体在安全生产责任制度下所形成的全员的、动态的安全生产责任体系建设的总称。其特征在于全员都应落实各自对应的安全生产责任。

全员安全生产责任制是安全生产责任体系，根据安全生产法律法规及岗位职责、安全风险管控责任，建立各级、各岗位的安全生产责任，并通过签字承诺、签订包保责任状等方式加以明确。企业安全生产管理机构或全员安全生产责任制考核领导小组根据全员安全生产责任制考核办法定期对其履职情况进行考核，将履职情况与个人经济效益挂钩，实施奖罚兑现或者责任追究，实现全员安全生产责任制的闭环管理，促进各岗位安全生产责任落实到位。

全员安全生产责任制是各项制度的根源，也是安全生产管理的灵魂。全员安全生产责任制规定的职责和责任应与各项安全生产规章制度规定的职责和责任一致，否则就无法执行。就双重预防机制而言，其规定的职责和责任不应与全员安全生产责任制相冲突，其整体应是全员安全生产责任制的具体化。

显然，构建双重预防机制同样属于健全全员安全生产责任制的一项重要内容。企业应组织人员完成双重预防机制的构建，同时分配从业人员执行双重预防机制规定的风险分级管控和隐患排查治理工作，并承担相应的安全生产职责。

15. 双重预防机制与 PDCA 循环的关系是什么？

PDCA 循环又称戴明环，是全面质量管理的思想基础和方法依据，也是企业管理各项工作的一般规律。

PDCA 是英语单词 plan（计划）、do（执行）、check（检查）

和act（处理）的第一个字母，PDCA循环即按照计划、执行、检查、处理的顺序进行质量管理。P指计划，包括方针和目标的确定，以及活动规划的制定；D指执行，即根据已知的信息，设计具体的方法、方案和计划布局，并进行具体运作，实现计划中的内容；C指检查，即总结执行计划的结果，明确效果，找出问题；A指处理，即肯定成功的经验并予以标准化，总结失败的教训并引起重视。以上4个过程不是运行一次就结束，而是周而复始地进行，一个循环结束，解决一些问题，未解决的问题进入下一个循环。

双重预防机制运行的全过程充分体现了PDCA循环的思想：计划（plan）对应风险的辨识与分级，进而有针对性地制定风险管控措施；执行（do）对应实际中充分落实风险管控措施；检查（check）对应双重预防机制中的隐患排查过程，即对因风险管控落实不到位而形成的隐患进行排查记录；处理（act）对应隐患的整改措施，对于检查中发现的隐患，应采取相应的隐患排除措施，同时在处理完成后将隐患记录归档以便完善管控措施，为开启下一轮PDCA循环提供理论依据。

综上所述，PDCA循环是双重预防机制运行时所包含的一种管理思路，而双重预防机制通过采用PDCA循环使其风险管理和事故预防的功能得到充分、有效的发挥。

16. 与双重预防机制有关的法律、法规、标准有哪些？

2016年4月，《国务院安委会办公室关于印发标本兼治遏制重特大事故工作指南的通知》（安委办〔2016〕3号）明确提出着力构建安全风险分级管控和隐患排查治理双重预防性工作机制，对健全安全风险评估分级和事故隐患排查分级标准体系、全面排查评定安全风险和事故隐患等级、建立实行安全风险分级管控机制、实施事故隐患排查治理闭环管理4个方面作出了指导。2016年10月,《国务院安委会办公室关于实施遏制重特大事故工作指南构建双重预防机制的意见》(安委办〔2016〕11号)再次明确提出了构建双重预防机制,主要内容包括总体思路和工作目标、着力构建企业双重预防机制、健全完善双重预防机制的政府监管体系、强化政策引导和技术支撑,以及其他有关工作要求。2016年12月,《中共中央 国务院关于推进安全生产领域改革发展的意见》指出,坚持源头防范,构建风险分级管控和隐患排查治理双重预防工作机制,严防风险演变、隐患升级导致生产安全事故发生;加强安全风险管控,企业要定期开展风险评估和危害辨识;针对高危工艺、设备、物品、场所和岗位,建立分级管控制度,制定落实安全操作规程。

《企业安全生产标准化基本规范》(GB/T 33000—2016)中第五个核心要素"安全风险管控及隐患排查治理"也对企业建立双重预防机制以完成安全生产标准化建设作出了规定。

2021年修订的《中华人民共和国安全生产法》将构建安全生产双重预防机制列为企业的法定职责。

从企业义务的角度，根据《中华人民共和国安全生产法》第四条的规定，企业必须遵守《中华人民共和国安全生产法》和其他有关安全生产的法律法规，加强安全生产管理，建立健全全员安全生产责任制和安全生产规章制度，加大对安全生产资金、物资、技术、人员的投入保障力度，改善安全生产条件，加强安全生产标准化、信息化建设，构建安全风险分级管控和隐患排查治理双重预防机制，健全风险防范化解机制，提高安全生产水平，确保安全生产。

从企业主要负责人职责的角度，根据《中华人民共和国安全生产法》第二十一条的规定，企业的主要负责人应组织建立并落实安全风险分级管控和隐患排查治理双重预防工作机制，督促、检查本企业的安全生产工作，及时消除生产安全事故隐患。

从制度落实运行的角度，根据《中华人民共和国安全生产法》第四十一条的规定，企业应当建立安全风险分级管控制度，按照安全风险分级采取相应的管控措施。企业应当建立健全并落实生产安全事故隐患排查治理制度，采取技术、管理措施，及时发现并消除事故隐患。事故隐患排查治理情况应当如实记录，并通过职工大会或者职工代表大会、信息公示栏等方式向从业人员通报。其中，重大事故隐患排查治理情况应当及时向负有安全生产监督管理职责的部门和职工大会或者职工代表大会报告。

17. 双重预防机制的支撑体系是什么？

与其他管理体系类似，双重预防机制要想在企业落地并长期运行，就必须要有对应的支撑体系。一般而言，双重预防机制的支撑体系主要包括机制运行基础和机制运行保障两部分内容。

（1）双重预防机制运行基础。双重预防机制运行基础是其能够在企业运行的前提，至少应该包括安全生产理念及双重预防机制的目标、组织机构、人员配备、责任体系、制度与流程等内容，如果更加细化，还可以将安全文化、安全承诺等内容纳入其中。

1）安全生产理念即安全价值观，是在安全方面衡量某项决策对与错、好与坏的基本判断规范。安全生产理念虽然并不针对某项工作，但指导着安全生产各项工作。

2）双重预防机制目标是企业构建双重预防机制希望达到的效果、状态等。双重预防机制的目标有不同的角度：从实现时间角度，有短期目标和长期目标；从内容角度，有机制构建目标和安全生产目标。

3）组织机构是任何一个管理体系运行的基本依托。双重预防机制的构建和运行任务不同，持续时间也有明显区别，因此可以根据机制构建和运行设置不同的组织机构。

4）人是双重预防机制构建和运行中最重要的因素。在进行人员配备时，对双重预防机制负责部门的要求与对各业务、生产部门的要求有较明显的不同。

5）为确保企业切实履行安全生产主体责任，企业必须建立安全生产责任制，各部门、岗位履行自身安全生产职责。责任体系应按"党政同责、一岗双责、齐抓共管、失职追责"的总要求来建立。

6）管理制度是为了确保业务流程高效运行而制定的，包括各类流程的运行规定、运行效果的考核和奖罚约定等。管理制度与企业的管理实际、历史情况等有着极其密切的关系，应务必确保双重预防机制符合本企业的实际情况。

（2）双重预防机制运行保障。管理体系的长期、高效运行与运行保障体系有直接的关系。一般而言，企业在构建双重预防机制时，其运行保障部分至少应包括信息化建设与运行、培训、考核与评价、信息与文件管理等内容。

18. 企业双重预防机制在实际运行中应避免哪些问题？

双重预防机制工作并非新鲜事物，企业日常开展的危险源辨识与管控、工作安全分析和工作危害分析等，均为双重预防机制工作的一部分，是风险管控的一种方法。

然而，相当多的企业在开展此类工作时，存在诸多的误区和错误认知，导致在风险管控和事故预防方面未发挥相应作用，具体表现为以下5点：

（1）重复工作。部分企业没有认识到危险源辨识、管控工作与双重预防机制工作之间的关联，重复记录，导致企业安全生产管理机构及其他相关部门疲惫不堪，抱怨大。

（2）应付了事。部分企业认为开展双重预防机制工作仅仅是为了满足政府监管部门的要求，应付了事，参与此项工作的人员以安全生产管理人员为主，造成作业过程中的实际风险未得到辨识。

（3）逻辑不清。部分企业不了解风险辨识、风险分级、风险管控、隐患排查、管理措施之间的逻辑关系，造成风险管控工作流于形式，在事故防范方面未能发挥应有的作用。

（4）专业风险辨识不足。部分企业在风险辨识过程中只关注操作过程中的风险，忽视风险相对较高的专业风险，或防控措施不到位，对重伤、死亡事故风险防控能力不足。

（5）风险管控措施无法落实。部分企业的风险管控措施往往以加强教育培训、制定作业规程为主，在事故防控方面的效果并不显著。

19. 风险与隐患是什么关系？

风险是指生产安全事故或健康损害事件发生的可能性和后果严重性的组合。风险有两个主要特性，即可能性和后果严重性。可能性是指事故（事件）发生的概率。后果严重性是指事故（事件）一旦发生，造成的人员伤害和经济损失的严重程度。风险可用以下公式表达：风险 = 可能性 × 后果严重性。

风险与隐患不是相对独立的关系，而是相互依存的动态关系。《危险化学品企业安全风险隐患排查治理导则》对隐患的定义：对安全风险所采取的管控措施存在缺陷或缺失时就形成事故隐患。即风险点的管控措施缺失或存在缺陷，则形成隐患，风险度相应会提高（发生事故的可能性及事故后果严重性分值

均会升高）。如果隐患不能及时得以治理，则很可能导致事故发生；如果隐患得以治理，则风险度会随之降低。

要准确理解"把安全风险管控挺在隐患前面，把隐患排查治理挺在事故前面"这句话。有企业认为，管控不好出现隐患后，则风险转变成了隐患，风险就不存在了。这是不对的。风险与隐患不是递进和取代关系，风险管控不力，可能出现隐患，但此时风险非但没有消除，反而变得更大。即从危险物质和能量存在，到事故发生的前一瞬间，无论管控措施是否存在缺陷或缺失，风险都是存在的。

20. 风险分级管控与隐患排查治理是什么关系？

风险分级管控与隐患排查治理在职业健康安全管理体系、安全生产标准化建设中均有明确要求，并作为其基础关键环节存在。其核心理念是运用 PDCA 循环，系统地进行风险点识别、风险评估与确定管控措施，并对各个过程制定规则、原则，进行过程控制并做到持续改进。

风险分级管控是隐患排查治理的基础。根据风险分级管控的要求，企业组织实施风险点识别、危险源辨识、风险评估、典型措施制定和风险分级，确定风险点、危险源为隐患排查的对象，即"排查点"。

隐患排查治理是风险分级管控的补充。通过隐患排查，可能发现新的风险点、危险源，进而对风险点和危险源信息进行补充和完善。

风险分级管控与隐患排查治理之间并非并列关系，也不是递进关系，而是互相包含的关系：隐患排查治理包含于风险分级管控中，风险分级管控也包含于隐患排查治理中。风险管控措施存在缺陷或缺失时形成事故隐患，隐患排查治理是为了保障风险分级管控（风险应对）措施的完好状态，是保证风险分级管控实现动态管理的重要工作；隐患排查治理过程需要开展风险分析/风险评估（包括危险源辨识），并制定管控措施，这正是风险分级管控的内容。

> **相关链接**
>
> 关于风险分级管控和隐患排查治理的有机结合，最理想的做法是在对风险进行分级管控的基础上，明确风险点及管控措施，列出详细的隐患排查清单，对风险点的各类管控措施进行隐患排查，确保管控措施有效。
>
> 但实际操作中存在一些弊端：风险点多、管控措施多，定期全面进行详细排查工作量大，企业实际可能应付了事。
>
> 鉴于此，企业可在做好相关法规、标准要求的隐患排查基础上，再逐步开展风险点管控措施的隐患排查。此外，企业可先不针对具体的作业活动、设备设施的管控措施进行排查，而是针对企业单元的管控措施进行排查，这样工作量相对较小，便于实际操作。

21. 如何识别风险点？风险点级别如何确定？

风险点识别方法：可根据生产车间、生产班组以及各生产环节中包含的设施、区域等对风险点进行详细的二次划分，生成相对独立的单元。在风险点识别过程中，从便于风险管控的角度来说，风险点包含的内容应该具有一定的独立性，范围适中；应最少含有一种能量或者危险物质；对于较低风险的设备，如计算机、打印机等可以忽略;对于同一类型的设备,不将其划为同一风险点,应该考虑该类型设备在不同作业环境、不同生产任务条件下的不同危险性。

风险点级别的确定方法:

(1)首先对风险类别进行确定,如火灾、爆炸、中毒等;其次根据事故发生的可能性和后果严重性对风险点进行分级,按危险程度从高到低,分为一、二、三、四级。

(2)将可能导致较大事故的风险点评定为一级,可能导致一般事故的风险点评为二级,可能导致较小事故的风险点评为三级,可能导致轻微事故或者不引起工作日损失的风险点评为四级。

(3)根据《危险化学品重大危险源辨识》(GB 18218—2018)等标准辨识出的重大危险源,其风险点直接确定为风险一级。

22. 如何落实各级风险管控责任?

企业应压实安全生产责任,促进全员履职尽责。企业应通过对各个岗位的分析,把安全风险管控责任定准确、边界理清楚,让各部门、各人员明白自己的安全风险管控工作,了解要做哪些事、什么时间做、做到什么标准、承担什么责任等。安全生产责任制和相关制度确定之后,关键在于安全风险管控责任落实。

(1)落实主要负责人的安全风险管控责任。企业主要负责人应按要求设立安全风险管控机构,配备管理人员;参与人事任命等事宜的研究,提出有关意见和建议;时常反思自己的安全生产责任是否履行到位。只有这样,企业安全风险管控体系的建设才能有基本保障。

(2)落实各部门的安全风险管控责任。抓安全生产工作,提升安全风险管控水平,不能仅靠企业安全生产管理机构,还需要各部门通力合作,切实承担起各自的安全风险管控责任。例如,安全生产管理机构要保障内联外通,监督检查,整治隐患,为企业生产经营保驾护航;财务部门要保障安全生产投入,资金支持到位。每个部门都有其安全风险管控责任,哪个部门的安全风险管控责任没有履行到位、出了问题,那个部门就要负责,就要受到相应的处罚。只有各部门在安全生产方面都做到了尽职尽责,企业的安全风险管控体系才有可能稳定有效运转,安全风险管控水平才能稳步提升。

(3)落实分包单位的安全风险管控责任。劳务和专业分包单位是安全风险管控责任落实的主体之一。企业要打造专业团队、专业队伍,形成相对固定的分包专业优势,增强对作业队伍的管控能力,确保作业队伍管得住、管得好,通过提升专业化施工能力,保障施工现场安全。企业应认认真真、扎扎实实选好、用好专业分包队伍,提高专业化施工水平。为落实分包单位的安全风险管控责任,应具体做好以下工作:

1)落实合规管理。进一步严格分包合同、劳务合同、租赁合同的签订要求,加强合同审查与管理,确保各方的安全风险管控责任和义务清晰明了、依法合规,严格包保兑现,真正将分包队伍的安全生产责任落到实处。

2)加强过程管控。做好施工作业前一线人员安全方案和安全技术交底,做好班组班前教育、班中监管、班后总结的安全风险管控工作。落实技术人员带班跟班作业,将旁站监督等作为现场安全风险管控的必备环节。

3)执行等级管理。执行分包队伍专业能力等级制管理,对不重视安全风险管控、经常违规作业以及发生事故的分包队伍,坚决清理出局。

(4)落实考核奖惩制度。很多企业在安全风险管控考核与奖惩方面存在执行不严的问题。有些企业有完善的安全生产考核制度，但是没有有效落实和执行。做好企业安全风险管控考核，需要做好以下几点：参考法律法规和标准规范，编制公平合理、细致全面，并且针对全体管理人员、专业分包单位和一线作业人员的安全生产考核奖惩制度；从人员管理、分包管理到一线作业人员操作标准，及时考核和兑现奖罚，采取经济手段或者其他方式等，调动管理人员和专业分包单位落实安全风险管控责任的积极性。考核是促进责任落实的手段，应进一步完善安全风险管控考核体系，鼓励先进，督促落后，做到责任落实、考核、奖罚兑现的闭环管理，正确发挥考核的指挥棒作用。

23. 什么是风险数据库？作用是什么？

风险数据库是一个综合性的数据库，主要用于收集、整理和分析各种风险信息。风险数据库涵盖了各种风险类型，包括但不限于自然灾害、人为灾害、技术风险、市场风险等。风险数据库的作用主要体现在以下几个方面：

（1）提供全面的风险信息。风险数据库收集了各种来源的风险信息，包括历史数据、专家意见、行业报告等，为决策者提供全面的风险信息。

（2）辅助风险评估。通过对风险信息的分析，风险数据库可以帮助决策者辨识潜在的风险，评估其可能性和后果严重性，为制定风险管理策略提供依据。

（3）支持风险应对。在辨识和评估风险后，风险数据库可以为决策者提供风险应对方案，如预防措施、应急计划等，以降低风险的影响。

（4）促进信息共享。风险数据库可以促进不同部门、不同领域之间的信息共享，提高风险管理的效率和效果。

总的来说,风险数据库是风险管理的重要组成部分,对于企业具有重要的意义。

相关链接

建立企业风险数据库应当把握以下原则:

(1)普遍性。风险事项多数为同类型企业、同业务模块普遍存在,应当总结防范的事项。对于此类风险事项,要描述全面、具体。

(2)准确性。描述风险事项不能仅停留在事件表象,要认准风险事项形成原因,探究问题根源,剖析造成风险事项的因素是个人的失职缺位、管理层的决策冒进,还是企业整体未形成严谨科学的企业文化,从而进一步分析是否可以有效规避。

(3)针对性。辨识风险事项要注意从企业本身出发,盯住企业发展目标,避免风险数据库建立的盲目性和分散性。要学会查找企业前期存在的风险事件和典型案例。此类事件往往后果比较严重,是企业管理存在的风险点,对此要更加关注。

(4)有效性。通过风险数据库的整理更新,应当能让企业长期保持持续、有效、合规的经营管理形式。

24. 风险点与危险源是什么关系?

风险点是指伴随风险的部位、设施和区域,以及上述场所内进行的伴有一定风险的生产作业过程,或是二者的结合。例如,化工厂区内的危险化学品罐区、仓库是风险点,在此危险区域内进行的动火作业等危险活动也是风险点。有时,风险点也称为风险源。

《职业健康安全管理体系 要求及使用指南》(GB/T 45001—2020)中对危险源的定义:危险源是指可能导致人员伤害和健康损害的来源,可包括可能导致伤害或危险状态的来源,以及因暴露而导致伤害和健康损害的环境。中国职业安全健康协会发布的《危险源辨识、风险评价和控制措施策划 指南》(T/COSHA 004—2020)中指出,危险源包括不安全状态、不安全行为和安全管理的缺陷。不安全状态是可能导致事件发生的不安全的物体条件、物质条件和环境条件。不安全行为是违反安全规则或安全原则,使事件有可能发生的行为。安全管理缺陷是管理人员在履行其安全生产管理职能方面的缺陷。危险源由3个要素构成:潜在危险性、存在条件和触发因素。

由风险点和危险源的定义可知,风险点在企业是普遍存在的,存在危险、危害的设施、部位、场所、区域及其作业活动均会存在风险点,因而风险点的范围大。危险源是风险的载体,而风险是危险源的属性。任何危险源都会伴随着风险，危险源不同，其伴随的风险大小也不同。因此，风险点和危险源之间的关系：风险点包含危险源，危险源是风险的载体。

25. 事故隐患与危险源有什么联系与区别？

事故隐患是指企业违反安全生产法律、法规、规章、标准、规程和安全生产管理制度的规定，或者因其他因素在生产经营活动中存在的可能导致事故发生的物的危险状态、人的不安全行为和管理上的缺陷。在企业的生产活动中，事故隐患通常表现为风险管控措施失效后形成的漏洞或缺陷。

危险源是指一个系统中具有潜在能量和物质释放危险的、可造成人员伤害、在一定的触发因素作用下可转化为事故的部位、区域、场所、空间、岗位、设备及其位置。其实质是具有潜在危险的源点或部位，是事故发生的源头，是能量、危险物质集中的核心。危险源存在于确定的系统中，系统范围不同，危险源的区域也不同。

事故隐患与危险源的联系与区别如下：

（1）定义不同。危险源是指可能引发事故或造成损害的物质、能量、设备、工艺、环境等因素。事故隐患是指存在于安全管理中的潜在问题，可能导致事故或引发风险。

（2）范围不同。危险源的范围更广，包括可能导致事故的各种因素，而事故隐患则侧重于安全管理方面的问题。

（3）影响不同。存在危险源是事故发生的先决条件，但并不一定导致事故发生。风险的大小取决于危险源本身的危险程度以及与之接触的人员、财产或环境的易感性和暴露程度。对于事故隐患，如果未及时发现和处理，则可能演变成风险和事故。

一般来说，危险源可能存在事故隐患，也可能不存在事故隐患。对于存在事故隐患的危险源，一定要及时整改，否则随时都可能导致事故。对事故隐患的控制管理总是与一定的危险源联系在一起，而对危险源的控制，实际就是消除其存在的事故隐患或防止其出现事故隐患。所以，在实际中有时不加区别地使用这两个概念。

26. 安全风险和事故隐患怎么分级？

安全风险和事故隐患的分级因地区、行业和具体情况而异，《国务院安委会办公室关于印发标本兼治遏制重特大事故工作指南的通知》（安委办〔2016〕3号）中作出了相关要求：

（1）健全安全风险评估分级和事故隐患排查分级标准体系。根据存在的主要风险隐患可能导致的后果并结合本地区、本行业领域实际，研究制定区域性、行业性安全风险和事故隐患辨识、评估、分级标准，为开展安全风险分级管控和事故隐患排查治理提供依据。

（2）全面排查评定安全风险和事故隐患等级。在深入总结分析重特大事故发生规律、特点和趋势的基础上，每年排查评估本地区的重点行业领域、重点部位、重点环节，依据相应标准，分别确定安全风险"红、橙、黄、蓝"（红色为安全风险最高级）4个等级，分别确定事故隐患为重大隐患和一般隐患，并建立安全风险和事故隐患数据库，绘制省、市、县以及企业安全风险等级和重大事故隐患分布电子图，切实解决"想不到、管不到"问题。

（3）建立实行安全风险分级管控机制。按照"分区域、分级别、网格化"原则，实施安全风险差异化动态管理，明确落实每一处重大安全风险和重大危险源的安全管理与监管责任，强化风险管控技术、制度、管理措施，把可能导致的后果限制在可防、可控范围之内。健全安全风险公告警示和重大安全风

险预警机制，定期对红色、橙色安全风险进行分析、评估、预警。落实企业安全风险分级管控岗位责任，建立企业安全风险公告、岗位安全风险确认和安全操作"明白卡"制度。

知识学习

安全风险等级的划分标准如下：

（1）蓝色风险。蓝色风险指低风险，评估属轻度危险和可容许的危险。应由所在的班组负责管控，车间负责监督落实。

（2）黄色风险。黄色风险指一般风险，评估属高度危险。应由所在车间负责管控，公司（厂）安全生产管理机构负责监督落实。

（3）橙色风险。橙色风险指较大风险，评估属高度危险。必须建立管控档案,制定措施进行控制管理,应由本企业安全生产管理机构和各职能部门根据职责分工负责管控。

(4)红色风险。红色风险指重大风险,评估属不可容许的危险。必须建立管控档案,应由企业负责重点管控,必须立即整改,不能继续作业,只有当风险等级降低时,才能开始或继续作业。

27. 事故隐患和"三违"有什么区别和联系?

事故隐患是指企业违反安全生产法律、法规、规章、标准、规程和安全生产管理制度的规定,或者因其他因素在生产经营活动中存在的可能导致事故发生的物的危险状态、人的不安全行为和管理上的缺陷。在企业的生产活动中,事故隐患通常表现为风险管控措施失效后形成的漏洞或缺陷。

"三违"是指违章指挥、违规作业、违反劳动纪律。其中,违章指挥主要是指企业负责人、管理人员违反安全生产方针、政策、法律、法规、规程、制度和有关规定指挥生产的行为;违规作业主要是指现场作业人员违反劳动生产岗位的安全生产规章制度;违反劳动纪律主要是指作业人员违反企业的劳动规则和劳动秩序。

事故隐患和"三违"是两个不同的概念,它们之间有一些区别和联系。

(1)两者的联系。事故隐患和"三违"都是导致事故和伤害的原因。在某些情况下,事故隐患和"三违"可能是相互关联的。例如,不规范的作业行为可能导致设备或设施存在事故隐患,而违章指挥则可能直接导致作业人员违反劳动纪律。

（2）两者的区别。事故隐患涉及生产、设备、人员等多个方面，而"三违"主要涉及安全生产方面的行为。事故隐患是潜在的，需要及时发现并采取措施加以排除，而"三违"是明显的违规行为。

28. 重大危险源、重大风险、重大事故隐患三者之间的联系和区别是什么？

重大危险源是指长期地或者临时地生产、搬运、使用或者储存危险物品，且危险物品的数量等于或者超过临界量的单元（包括场所和设施）。临界量是一个数值，当某种危险物品的数量达到或者超过这个数值时，就有可能发生危险。重大危险源具有较大的危险性，如果发生生产安全事故，将严重危害人民群众生命财产安全。

重大风险属于风险的一种类型，不同于一般风险，是影响范围广、损害程度大、波及人数多、造成的后果非常严重的风险，可能导致社会发展进程的中断。

重大事故隐患是指危害和整改难度较大，应当全部或者局部停产停业，并经过一定时间整改治理方能排除的隐患，或者因外部因素影响致使企业自身难以排除的隐患。

重大危险源、重大风险、重大事故隐患三者的联系和区别如下：

（1）三者间的联系。重大危险源和重大风险是导致重大事故隐患的重要因素。如果危险源管理和控制不当，可能导致风险增加，进而形成事故隐患；三者都强调了"重大"一词，都对危险源、风险、事故隐患在量或者程度上作了规定，区别于其他程度的表述。

（2）三者间的区别。重大危险源的辨识和管理主要关注潜在的危害和风险，以及如何采取措施进行控制；重大风险的评估和管理则更注重对现有危险源可能引发事故的预测和预防；重大事故隐患的排查和管理则侧重于已经存在的可能导致事故的不安全状态或管理缺陷，以及如何消除这些隐患。此外，重大风险包含的范围和领域广泛，不仅指安全生产领域内的重大风险。

三、安全风险辨识

29. 安全风险辨识的内容有哪些？

在对安全风险进行辨识时，要全面、有序，防止出现漏项，宜从厂址、总平面布置、道路运输、建（构）筑物、生产工艺、主要设备装置、作业环境、安全管理措施八方面进行。

（1）厂址。从厂址的工程地质、地形地貌、水文条件、气象条件、周围环境、交通运输条件及自然灾害、消防支持等方面进行辨识。

（2）总平面布置。从功能分区、防火间距和安全间距、风向、建筑物朝向、危险和有害物质设施、动力设施（氧气站、乙炔气站、压缩空气站、锅炉房、液化石油气站等）、道路、储

运设施等方面进行辨识。

（3）道路运输。从运输、装卸、消防、疏散、人流、物流、平面交叉运输和竖向交叉运输等方面进行辨识。

（4）建（构）筑物。从厂房生产的火灾危险性分类（库房储存物品的火灾危险性分类）、耐火等级、结构、层数、占地面积、防火间距、安全疏散等方面进行辨识。

（5）生产工艺。其辨识内容如下：

1）对设计是否合理进行考查，尽可能从根本上消除危险、有害因素。

2）当消除危险、有害因素有困难时，对是否采取了预防性技术措施进行考查。

3）在无法消除危险或危险难以预防的情况下，对是否采取了减少危险、危害的措施进行考查。

4）在无法消除、预防、减弱危险的情况下，对是否将人员与危险、有害因素隔离等进行考查。

5）当操作失误或设备运行达到危险状态时，对能否通过联锁装置终止危险、危害的发生进行考查。

6）在易发生故障和危险性较大的地方，对是否设置了醒目的安全色、安全标志和声、光警示装置等进行考查。

（6）主要设备装置。对工艺设备，可从高温、低温、高压、腐蚀、振动、关键部位的备用设备、控制、操作、检修以及故障、失误时的紧急异常情况等方面进行辨识。对机械设备，可从运动零部件和工件、操作条件、检修作业、误运转和误操作等方面进行辨识。对电气设备，可从触电、断电、火灾、爆炸、误运转和误操作、静电、雷电等方面进行辨识。另外，还应注意辨识高处作业设备、特殊单体设备（如锅炉房、乙炔气站、氧气站）等的危险、有害因素。

（7）作业环境。注意辨识存在各种职业病危害因素的作业部位。

（8）安全管理措施。可以从安全管理组织机构、安全管理制度、应急预案、特种作业人员培训、日常安全管理等方面进行辨识。

30. 企业安全风险辨识工作需要哪些人参与？

企业安全风险辨识工作通常需要以下人员参与：

（1）高级管理人员。高级管理人员了解整体业务战略和目标，并能够提供资源和支持。

（2）风险管理专家。风险管理专家具有风险管理相关知识和经验，负责指导和组织风险辨识工作。

（3）业务部门负责人。业务部门负责人了解具体业务运作情况，能够洞察并提供业务领域的风险信息。

（4）内部控制团队。内部控制团队了解内部控制体系，协助辨识和评估潜在的内部风险。

（5）职工代表。涉及业务运作的职工能够提供操作层面的实际风险信息。

（6）外部专家。有必要时可以邀请风险管理顾问或外部评估机构参与，提供客观的意见和建议。

31. 风险点划分原则与排查思路是什么？

风险点的划分和排查对于企业安全生产至关重要。在生产经营活动中，风险点可能存在于设施、部位、场所和区域，因此需要合理划分和全面排查。

（1）风险点的划分原则。对于设施、部位、场所、区域的风险点划分，应当遵循"大小适中、便于分类、功能独立、易于管理、范围清晰"的原则。企业可按照原料及产品储存区域、生产车间或装置、公辅设施等功能分区进行风险点划分。对于规模较大、工艺复杂的系统,可按照所包含的工序、设施、部位进行细分。

例如,按区域场所划分,风险点有原料仓库、生产车间、成品仓库、储罐区、制冷车间、污水处理场、锅炉房等;按工序划分,纺织行业风险点有前纺工序、织造工序等;按设施划分,风险点有除尘系统等;按部位划分,铁合金生产企业风险点有炉前部位、炉面部位等。

对操作及作业活动等风险点的划分,应当涵盖生产经营全过程所有常规和非常规状态的作业活动。风险等级高、可能导致严重后果的作业活动应作为风险点,如高温熔融金属吊运、危险区域动火作业、有限空间作业等。

(2)风险点排查。企业应按照风险点划分原则,在本企业生产活动区域内对生产经营全过程进行风险点排查,确定包括风险点名称、类型、区域位置、可能发生的事故类型及后果等内容的基本信息,建立风险点统计表,以便全面了解和管理各类风险。风险点排查的方法如下:

1)按照生产(工作)流程的不同阶段逐步排查,逐步了解各个环节可能存在的风险。

2)根据不同的场所,如生产车间、仓库、办公区等,分别进行排查和评估。

3)对各种装置和设施进行排查,辨识潜在的安全风险。

4)对作业活动进行排查评估,包括操作流程、人员行为等。

32. 企业开展安全风险辨识应做好哪些准备工作?要注意什么问题?

企业安全风险辨识是确保企业安全稳定运行的重要环节。在开展安全风险辨识前,企业需要进行一系列的准备工作,以确保全面、系统地辨识安全风险。

（1）企业开展安全风险辨识需要进行以下准备工作：

1）确定辨识范围。明确辨识的范围和对象，包括企业内部和外部可能存在的安全风险。

2）组建辨识团队。组建专业的安全风险辨识团队，包括安全管理人员、技术专家和相关业务人员，确保全面覆盖不同领域的安全风险。

3）制订辨识计划。制订详细的安全风险辨识计划，包括时间安排、辨识方法和工具等。

4）收集相关信息。收集企业内部和外部的相关信息，包括历史事件、行业安全标准、技术资料等。

5）确定辨识方法。确定安全风险辨识的方法和工具，可以采用风险矩阵分析、事件树分析、故障模式与影响分析等方法。

（2）在进行安全风险辨识时，需要注意以下问题：

1）完整性和全面性。应确保辨识的范围和对象是全面和完整的，不遗漏任何安全风险。

2）可行性和适用性。选择合适的辨识方法和工具，确保适用于企业的实际情况，以便在企业内部有效开展风险辨识。

3）经验和专业。辨识团队需要具备丰富的经验和专业的技能，有效地辨识和评估各种安全风险。

4）企业支持和重视。应确保企业负责人重视和支持，为安全风险辨识提供必要的资源和保障。

5）结果分析和应对措施。对辨识结果进行深入分析，及时制定有效的应对措施，降低安全风险对企业的影响。

33. 企业进行安全风险辨识的流程？

一般而言，企业安全风险辨识的流程如下：

（1）建立风险辨识团队。企业应建立专门的风险辨识团队，该团队应包括不同部门和层级的从业人员，以确保具有全面的风险视角和丰富的经验。

（2）确定风险管理的目标和范围。在启动安全风险辨识流程之前，企业需要明确风险管理的目标和范围，该范围应包括所涉及的业务、项目或活动等。

（3）辨识潜在风险。团队成员可以通过头脑风暴、问卷调查、专家访谈等方式，收集可能存在的各种安全风险。

（4）评估风险的后果严重性和发生的可能性。一旦辨识出潜在风险，团队需要对每种风险的后果严重性和发生概率进行评估，以便为后续的优先级排序和应对计划制订提供依据。

（5）确定风险处理优先级。通过对风险的后果严重性和发生概率进行权衡分析，团队可以确定风险的处理优先级，以决定哪些风险需要优先考虑和处理。

（6）制订风险管理计划。基于已辨识的风险，团队应制订相应的风险管理计划，包括制定应对措施、分配责任、设定监控指标和时间表等。

（7）实施风险管理措施。一旦风险管理计划得到批准，企业应立即着手实施相应的风险管理措施，确保风险得到有效控制。

（8）监测和审查。风险管理是一个持续的过程，企业应定期监测和审查风险管理情况，及时调整风险管理计划，并确保风险控制措施的有效性。

34. 安全风险辨识的方法有哪些？

正确而全面的安全风险辨识是制定风险管理措施的关键步骤。安全风险辨识的方法如下：

（1）工作危害分析法（JHA）。工作危害分析法是一种定性的风险分析辨识方法，它是基于作业活动，有效辨识人的不安全行为、物的危险状态、场所的不安全因素以及管理缺陷等。该法是把整个作业活动（任务）划分成多个工作步骤，将工作步骤中的危险源找出来，并判断其在现有安全控制措施条件下可能导致的事故类型及其后果。若现有安全控制措施不能满足安全生产的需要，应制定新的安全控制措施以保障生产安全；危险性仍然较大时，应将其列为重点对象加强管控，必要时还应制定应急处置措施，从而将风险降低至可以接受的水平。

（2）安全检查表分析法（SCL）。安全检查表法是一种定性的风险分析辨识方法，它将一系列项目列入检查表进行分析，以确定系统、场所的状态是否符合安全要求，通过检查发现系统中存在的风险，提出改进措施。安全检查表的编制主要依据以下4个方面的内容：

1）安全生产相关法律、法规、规程、规范和标准，行业、企业的规章制度、标准及企业安全生产操作规程。

2）国内外行业、企业事故统计案例、经验教训。

3）行业及企业安全生产经验，特别是本企业安全生产实践经验。

4）系统安全分析的结果，如采用事故树分析方法找出的不安全因素，可作为预防事故的控制点源列入检查表。

（3）头脑风暴法。头脑风暴法是指团队全体成员以会议形式轮流提出主张和想法。要点：会议气氛要融洽与热情，不对他人的发言作任何点评与回应。

（4）德尔菲法。德尔菲法是指由项目风险组选定相关专家，采用匿名函询的方式收集专家意见，综合整理后再匿名反馈给各位专家，再次征询意见。如此反复多轮直至专家意见趋于一致。要点：提供给专家的信息要尽可能充分；挑选的专家应该具有权威性、代表性；保持匿名，确保专家独立地给出意见。

（5）情景分析法。情景分析法是指根据发展趋势的多样性，通过对系统内外相关问题的系统分析，设计出多种可能的情景，然后用类似撰写电影剧本的手法，对系统发展态势作出自始至终的情景和画面描述。

（6）流程图法。流程图法是指建立工程项目的总流程图与各分流程图，分析各环节的潜在风险，以及在工程进行过程中随时对照项目进度。

（7）事故树分析。在可靠性工程中，常常利用事故树进行系统的风险分析。此法不仅能识别出导致事故发生的风险因素，还能计算出风险事故发生的概率。

35．企业应多久进行一次安全风险辨识？

一般来说，企业应该至少每年进行一次全面的安全风险辨识。随着企业的发展和环境的变化，可能产生新的风险或原有的风险发生变化。因此，每年进行一次全面的安全风险辨识可以帮助企业及时发现新的风险，及时应对风险的变化，确保企业的稳健发展。在进行安全风险辨识时，企业可以采取多种方法，包括召开安全风险辨识会议、开展安全风险辨识培训、进行现场调研等，以全面、深入地发现潜在的风险点。

当工艺流程、设备设施以及组织管理机构发生变化时，应及时进行安全风险辨识。这些变化可能对企业的安全生产产生重大影响，从而带来新的风险或加剧原有的风险。因此，在这些关键时刻，企业应及时进行安全风险辨识，以了解新情况下的安全风险状况，及时调整和优化风险管理措施，保障企业在变化中的稳定和发展。

除了定期的安全风险辨识，企业在日常经营管理中还应该建立起灵活高效的风险监控机制，及时、动态地跟踪各种风险变化情况，以便及时采取措施应对。同时，企业还应该注重风险辨识与风险管理工作的全员参与，通过从业人员的日常工作和经验积累，形成更为全面、准确的风险辨识结果，增强企业风险管理的针对性和有效性。

36. 安全风险辨识结果审核有哪些注意事项？

安全风险辨识结果审核是指对企业或项目中所辨识出的安全风险进行审查和验证的过程，以确保安全风险辨识工作得到正确、全面和准确的结果。在进行安全风险辨识结果审核时，需要注意以下几点：

（1）理解业务或项目背景。在进行安全风险辨识结果审核之前，应对业务或项目的背景、目标、范围和相关约束条件有较深入的理解，以便更好地评估安全风险辨识结果与实际情况的吻合度。

（2）确定审核范围和目标。在安全风险辨识结果审核过程中，需要确定审核的范围和目标，明确需要审核的风险清单、辨识方法和结果文件,确保审核的全面性和针对性。

(3)评估安全风险辨识方法的有效性。在审核过程中,需要评估企业或项目在安全风险辨识过程中所采用的方法和工具的有效性,包括是否覆盖了全部可能的风险类型及是否考虑了相关的影响因素等。

(4)确认安全风险描述和认定。审核人员需要确认所描述的安全风险是否准确、具体,并且能否被明确地认定为企业或项目所面临的真实风险。如果有模糊、不完整或不准确的描述,需要及时进行修正和完善。

(5)检查安全风险辨识结果的全面性和准确性。需要核查安全风险辨识结果是否涵盖了所有可能的风险,以及对每种风险的辨识是否准确和完整,特别是要确保不遗漏重要风险。

(6)考虑多方意见和知识来源。在进行审核时,需要考虑多方意见和知识来源，包括相关专家、利害相关者和实际操作人员的观点和建议，以确保风险辨识结果的全面性和客观性。

（7）确认风险评估和优先级。需要确认风险评估是否科学合理，并确认不同风险的优先级是否经过合理的权衡和排序，以确保企业或项目能够合理地处理和应对各种风险。

（8）提出改进建议。在审核过程中，需要提出改进建议，包括如何改进安全风险辨识方法、完善相关流程和文件，以及如何更好地应对现有的安全风险辨识结果所呈现的问题和挑战。

安全风险辨识结果审核需要严格按照相关的标准和方法进行，应平衡客观性和全面性，确保审核结果能够为企业或项目的决策和管理提供有力的支持。

37. 我国法律法规对重大危险源管理有哪些要求？

我国法律法规对重大危险源管理的规定主要围绕化学品重大危险源展开。《危险化学品安全管理条例》针对化学品重大危险源的管理作出了明确规定。

根据《危险化学品安全管理条例》第十九的规定，危险化学品生产装置或者储存数量构成重大危险源的危险化学品储存设施（除运输工具加油站、加气站外），与下列场所、设施、区域的距离必须符合国家有关规定：居住区、商业中心、公园等人员密集场所，学校、医院、影剧院、体育场（馆）等公共设施，饮用水源、水厂及水源保护区，车站、码头（依法经许可从事危险化学品装卸作业的除外），机场以及通信干线、通信枢纽、铁路线路、道路交通干线、水路交通干线、地铁风亭及地铁出入口，基本农田保护区、基本草原、畜牧遗传资源保护区、畜牧规模化养殖场（养殖小区）、渔业水域以及种子、种畜禽、水产苗种生产基地，河流、湖泊、风景名胜区和自然保护区，军事禁区、军事管理区，法律、行政法规规定予以保护的其他区域。

已建的危险化学品生产装置或者储存数量构成重大危险源的危险化学品储存设施不符合上述规定的，由所在地设区的市级人民政府应急管理部门会同有关部门监督其在规定期限内进行整改；需要转产、停产、搬迁、关闭的，报本级人民政府决定并组织实施。

根据《危险化学品安全管理条例》第二十四条的规定，剧毒化学品以及储存数量构成重大危险源的其他危险化学品，应当在专用仓库内单独存放，并实行双人收发、双人保管制度。

根据《危险化学品安全管理条例》第二十五条的规定，储存危险化学品的单位应当建立危险化学品出入库核查、登记制度。

对剧毒化学品以及储存数量构成重大危险源的其他危险化学品，储存单位应当将其储存数量、储存地点以及管理人员的情况，报所在地县级人民政府应急管理部门（在港区内储存的，报港口行政管理部门）和公安机关备案。

> **法律提示**
>
> 除了《危险化学品安全管理条例》，我国其他法律、法规也对重大危险源的管理提出了规定和要求。
>
> 《中华人民共和国安全生产法》第四十条规定，生产经营单位对重大危险源应当登记建档，进行定期检测、评估、监控，并制定应急预案，告知从业人员和相关人员在紧急情况下应当采取的应急措施。
>
> 生产经营单位应当按照国家有关规定将本单位重大危险源及有关安全措施、应急措施报有关地方人民政府应急管理部门和有关部门备案。有关地方人民政府应急管理部门和有关部门应当通过相关信息系统实现信息共享。
>
> 《国务院关于进一步加强安全生产工作的决定》（国发〔2004〕2号）要求，搞好重大危险源的普查登记，加强国家、省（区、市）、市（地）、县（市）四级重大危险源监控工作，建立应急救援预案和生产安全预警机制。

38. 企业进行安全风险辨识时需要考虑哪些法律、法规和标准？

当进行安全风险辨识时，需要综合考虑各个层级的法律、法规和标准，确保企业在不同方面都能够符合相关规定，从而建立健全安全管理体系。

（1）法律、行政法规。例如,《中华人民共和国安全生产法》规定了企业在生产过程中需要遵守的基本安全要求。《中华人民共和国矿山安全法》适用于矿产资源开采领域,对矿山生产安全进行规范。《安全生产许可证条例》规定了必须获得安全生产许可证的企业类型和申请条件。《建设工程安全生产管理条例》是对建设工程领域的安全生产进行管理的法规。《危险化学品安全管理条例》适用于从事危险化学品生产、储存、使用等活动的企业,规定了相关安全管理要求。《易制毒化学品管理条例》规定了易制毒化学品的安全管理要求。

（2）地方性法规。例如,《××省安全生产条例》属于特定省份颁布的法规,强调该省企业需遵守的安全生产规定。《××市安全生产条例》在市级层面规定了安全生产的具体要求和标准。

（3）规章。例如,《危险化学品重大危险源监督管理暂行规定》强调危险化学品重大危险源的监督管理。《工贸企业粉尘防爆安全规定》适用于工贸企业,特别关注粉尘防爆安全。《冶金企业和有色金属企业安全生产规定》关注冶金和有色金属行业的安全生产。

（4）国家标准。例如,《职业健康安全管理体系 要求及使用指南》（GB/T 45001—2020）对职业健康与安全管理提出了具体要求。《质量管理体系 要求》（GB/T 19001—2016）虽然是质量管理标准,但其中的一些原则也可以应用于风险管理和安全控制。

（5）国家相关指南和规范性文件。例如,应急管理部等发布的关于特定行业和领域的安全管理指南和文件,如化工、建筑、能源等领域的专门规定。

（6）企业规章。例如,《××企业安全风险控制评估工作管理办法》属于企业内部制定的安全管理规章，用于评估和控制安全风险。

39. 对于不同的安全风险，应该如何进行优先级排序？

在安全生产中，安全风险从高到低划分为4个等级：重大风险、较大风险、一般风险和低风险。其中，红色代表重大风险，橙色代表较大风险，黄色代表一般风险，蓝色代表低风险。对于每种风险等级，其发生的概率和后果的严重性依次降低。评估安全风险等级时，需要综合考虑事故后果的严重性和事故发生的可能性这两个因素。

对于安全风险优先级排序，可以综合考虑以下几个要素：

（1）事故后果的严重性。评估事故后果的严重性，包括财务损失、声誉损害、业务中断和法律责任等。可优先考事故后果严重的风险。

（2）事故发生的概率。评估事故发生的可能性，包括相关事件、技术漏洞或人为因素导致的风险。应优先处理事故发生概率高的风险。

（3）控制风险难易程度。评估防护和应对某个风险的难易程度。某些风险可能比其他风险更容易应对，可以优先解决。

综合考虑上述因素，对所有安全风险进行排序。一般来说，事故后果严重、发生概率高且难以控制的风险应被放在较高的优先级。

在确定优先级时，建议进行定期的风险评估和风险分析，并与关键利害相关者讨论，确保全面、客观地评估风险，并制订相应的优先处理计划。对于不同的安全风险，应该采取不同的应对措施。建立安全风险管理框架，将风险评估和风险信息集成进日常业务运营中，把风险管理纳入企业整体治理体系中。这样可以确保风险管控与业务运营同步进行，提高风险管理效果。

四、风险评估及应用

40. 风险评估的流程是什么？

风险分析是对单个风险进行估计和量化，没有考虑各风险综合起来的总体效果，也没有考虑这些风险能否被企业所接受。而风险评估既需要考虑企业的整体风险，也要考虑各风险之间的相互影响、相互作用以及对企业的影响，还要考虑企业对风险的承受能力。

风险评估的流程一般如下：

（1）确定风险评估目标。在进行风险评估之前，要确定风险评估的目标，这对以后的分析评估有指导作用，而且它是评估工作的方向和基准。风险评估目标的确定要考虑全面，既要考虑项目因素，也要考虑企业因素，同时要进行目标的细分和结构化，做到目标明确，实事求是。

（2）建立风险评估指标体系。风险评估指标体系的确定至关重要。应根据一定的原则，按照一定的要求，建立风险评估指标体系，并保证其系统、全面、科学。其建立步骤具体包括资料的收集、确定指标体系的结构、指标体系的初步确定、指标体系的筛选与简化、指标体系的有效性分析、定性变量的数量化等环节。

（3）选择风险评估方法与模型。风险管理人员要根据事项特点及目标要求选择风险评估方法，且该评估方法要能反映实际。其具体步骤包括评估方法的选择、权数构造、评估指标体系的标准值与评估规则的确定。

（4）实施综合评估。实施综合评估程序如下：

1）收集指标体系数据。对不同计量单位的指标数据进行同度量处理,确定指标体系中各指标的权数。

2)确定风险评估基准。风险评估基准是企业针对每一种风险后果而确定的可接受水平,这个可接受水平可以是绝对的,也可以是相对的。单个风险和整体风险都要确定评估基准,可分别称为单个评估基准和整体评估基准。

3)确定项目整体风险水平。项目整体风险水平是综合所有单个风险之后确定的。

4)进行风险等级判别。对比单个风险和单个评估基准、整体风险与整体评估基准,进行风险等级的判别。

5)评估结果的评估与检验。风险管理人员要对评估结果进行评估与检验,以判别所选评估模型、有关标准、有关权数甚至指标体系合理与否,若不符合要求,则需要进行修改,甚至返回到前述的某一环节。

6)评估结果分析与报告。其步骤包括评估结果的书面分析、撰写评估报告、提供与发布评估结果、资料的存储与后续开发利用。

41. 风险评估的分类及特点?

(1)风险评估的分类。风险评估按照不同的分类标准可以划分为不同的类型,具体如下:

1)按照风险评估的阶段划分,风险评估可以分为事前评估、事中评估、事后评估和跟踪评估。

2)按照评估的角度划分,风险评估可以分为技术评估、经济评估和社会评估。

3)按照评估的方法划分,风险评估可以分为定性评估、定量评估和综合评估。

(2)风险评估的特点如下:

1)风险评估是对风险的综合评估。在各类风险中,有些风险是相互联系的。不同风险之间的联系可能提高或者降低这些风险对企业的影响。在风险评估的过程中，需要综合考虑各种风险因素的影响，对可能引起损失的风险事件进行综合评估。

2）风险评估需要定量分析的结果。随着风险管理越来越复杂，很多企业试图更准确地评估风险。然而，在风险管理中，很难找到统一的评估标准来评估各种风险可能造成的损失。运用数学模型进行定量分析，可为风险评估提供重要的依据。

3）风险评估受到风险态度的影响。风险管理人员的风险态度也会影响风险评估的结果。风险管理人员对自然风险、社会风险和经济风险的反应不同，风险评估的结果也是不同的。

42. 安全风险评估可采用哪些方法？

（1）检查表式综合评估法。该法是对检查对象的实际情况按一定标准进行评定分级或打分，同样可应用于风险辨识。

（2）优良可劣评估法。该法又称为单项定性加权计分法。该法针对所有评估项目，根据实际检查结果，分别给予"优""良""可""劣"或"可靠""基本可靠""基本不可靠""不可靠"等定性等级的评定，同时赋予相应的权系数，累计求和，得出实际评估值。

（3）道化学火灾、爆炸危险指数评价法。该法是利用物质系数、特殊物质指数、一般工艺和特殊工艺修正系数等求出评估对象火灾、爆炸指数，再进行评估的方法，主要适用于化工行业。该法简单实用，不需要大量的统计资料，但精度较差。

（4）可靠性风险评估法。该法是指利用过去的统计资料，建立数学模型，计算风险率，再与安全指标进行比较，以确定是否需要采取控制措施的评估方法。其中，风险率一般表达为风险频率与损失金额的乘积。该法评估精度较高，但对资料要求较高，模型比较复杂。

（5）风险矩阵分析法（LS）。风险矩阵分析法是一种半定量的风险评估方法。在进行风险评估时，该法是将风险事件的后果严重性相对地定性分为若干级，将风险事件发生的可能性也相对地定性分为若干级，然后以严重性为表列，以可能性为表行，制成表，在行列的交点上给出定性的加权指数。所有的加权指数构成一个矩阵，而每一个指数代表一个风险等级，即 $R=L \times S$。其中，R 表示风险程度；L 表示事故发生的可能性，重点考虑事故发生的频次，以及人体暴露在这种危险环境中的频繁程度；S 表示发生事故的后果严重性，重点考虑伤害程度、持续时间。

（6）作业条件危险性分析法（LEC）。作业条件危险性分析法是一种半定量的风险评估方法，它用与系统风险有关的3种因素指标值的乘积来评估操作人员伤亡风险大小。3种因素分别是 L（事故发生的可能性）、E（人员暴露于危险环境中的频繁程度）和 C（一旦发生事故可能造成的后果）。将3种因素的不同等级分别确定不同的分值，再以3个分值的乘积 D（危险性）来评估作业条件危险性的大小，即 $D=L \times E \times C$。D 值越大，说明该系统危险性越大。

（7）风险程度分析法（MES）。风险程度分析法是一种半定量的风险评估方法，它是对作业条件危险性分析法的改进。风险程度 $R=M \times E \times S$。其中，M 为控制措施的状态；暴露的频繁

程度 E 增加了职业病发病情况、环境影响状况两项影响因素；事故的可能后果 S，包括伤害、职业相关病症、财产损失和环境影响。分别针对 M、E、S 制定了取值标准。

在以上所介绍的风险评估方法中，前两种方法属于定性的风险评估方法，即通过观察、分析和经验判断进行评估，适用于风险不是特别严重或后果不太严重的情况。实践中普遍采用的是风险矩阵分析法或者作业条件危险性分析法。这两种方法对工作危害分析法或安全检查表分析法等辨识的事故发生的可能性与后果严重性进行评估，确定风险等级。风险评估方法也可直接理解为风险评估准则。实践中，也有运用两种或两种以上评估方法进行综合评估的情况，如前面介绍的事故树分析法等风险辨识方法也可用于风险评估。

43. 如何评估危险源的风险等级？

评估危险源的风险等级是风险管理的关键步骤，有助于企业确定哪些危险源需要优先关注和管理。以下是评估危险源风险等级的一般方法和步骤，以确保评估准确和有效。

（1）辨识危险源。应明确辨识可能存在的危险源，可通过文档审查、现场观察、从业人员反馈、历史事故记录等方式来完成。应确保辨识的危险源涵盖所有相关领域，包括物理、操作、环境等各种类型的危险源。

（2）描述危险源。对辨识出的危险源进行详细描述，包括危险源的性质、特征、位置、潜在影响、可能性和可能的原因。这有助于更全面地理解危险源的本质。

（3）评估潜在影响。确定危险源可能导致的潜在影响，包括人身伤害、财产损失、环境影响、法律责任和声誉风险等。考虑潜在影响的严重性，以便评估风险的影响程度。

（4）评估可能性。确定危险源发生的可能性，即风险事件发生的概率。考虑可能性的因素，如频率、持续时间、暴露程度等，以便评估风险的概率。

（5）利用风险矩阵或模型。风险矩阵或模型是评估风险等级的常用工具。它们通常由两个维度组成：一个是潜在影响的严重性，另一个是可能性。根据这两个维度，将危险源的风险等级分为低、中、高或其他相关分类。

（6）制定评估标准。应使用标准化的评估标准，如《工作场所职业病危害作业分级　第1部分：生产性粉尘》（GBZ/T 229.1—2010）等，以确保一致性和可比性。这些标准可以基于行业标准、法规要求或企业内部政策来制定。

（7）建立风险评估团队。建立多样化的风险评估团队，团队成员应具备不同领域的专业知识和经验，以确保评估的综合性和全面性。

（8）确保数据和信息的准确性。确保评估过程中使用的数据和信息是准确和可靠的。不准确的数据可能导致错误的风险评估和决策。

（9）避免主观偏见和利益冲突。在评估过程中，评估人员可能受到主观偏见或利益冲突的影响。要警惕这些因素，确保评估是客观和独立的。

（10）监测和更新。风险评估是一个动态过程，需要定期进行审查和修订，以适应变化的风险环境和情况。建立有效的监测机制，以持续追踪危险源的状态和演化。

（11）确保透明度和有效沟通。在评估过程中，有效沟通是至关重要的。与内部和外部利害相关者分享评估结果和管理措施，以建立信任和提高透明度。

（12）制定风险管理策略。基于评估的结果，为每个危险源制定详细的风险管理策略，包括明确的控制措施、责任分配、时间表和资源分配。

评估危险源的风险等级需要系统和综合的方法。通过合理的评估，企业可以更好地理解潜在的风险，制定有效的风险管理策略，以保障业务的可持续性和稳健性。评估应该是一个有针对性、透明和动态的过程，以适应不断变化的风险环境。

44. 企业安全生产的风险有哪几类？

安全生产风险主要包括人员安全风险、设备设施安全风险、工艺工法安全风险、环境因素安全风险。

（1）人员安全风险。

1）操作不当。操作不规范、忽视安全操作流程、擅自改变操作方式等，容易导致生产安全事故发生。

2）人员过度疲劳。长时间连续工作或过度疲劳时，人员的工作效率和反应能力降低，容易出现操作失误和事故。

3）个人防护不到位。未正确佩戴安全帽、防护眼镜、防护手套等劳动防护用品，将增加工作中受到伤害的风险。

（2）设备设施安全风险。

1）设备老化损坏。设备长时间使用造成磨损、老化，将增加设备出现故障和事故的风险。

2）设备未经过检修和维护。未定期对设备进行检修和维护，设备易失效或引发事故。

3）设备操作不当。未按照操作规程进行设备操作，或不具备操作设备的资质和技能，容易导致设备故障或引发事故。

（3）工艺工法安全风险。

1）工艺工法不规范。工艺工法操作不规范、工艺参数设置错误、没有进行必要的试验验证等，容易导致工艺过程中出现事故隐患。

2）工艺工法设备不合理。工艺工法中所用设备不符合安全要求，或工艺设计存在缺陷，容易导致设备故障或引发事故。

3）原材料不合格。使用不合格的原材料进行生产，会引发产品质量问题和出现事故隐患。

（4）环境因素安全风险。

1）动力、电源不稳定。电力、气体等动力供应不稳定，容易导致设备失效和事故发生。

2）环境温度过高。高温环境下，容易引发火灾、爆炸等事故。

3）环境污染物。环境中存在污染物质，如废气、废液等，易对人体健康和环境造成威胁。

在实际生产中，需要根据具体的生产工艺和现场条件，通过风险评估和采取安全管理措施，切实做好安全管理工作，确保生产过程中的安全。

45. 安全风险清单如何编制？

编制安全风险清单是一项重要的工作，有助于企业全面了解和管理可能影响其运营的各种潜在风险。编制安全风险清单的一般指导和步骤如下：

（1）明确目标和范围。明确编制安全风险清单的目标和范围，确定清单所涵盖的领域，包括物理安全、环境安全、操作安全、法律合规等方面。

（2）收集信息。收集与企业运营相关的信息，如现有的安全政策和程序文件、从业人员反馈、历史事故记录、设备清单、供应商信息、法律法规文件等。同时，应确保信息收集全面且准确。

（3）风险辨识。可通过访谈、文件审核、检查和分析等方式进行安全风险辨识。应确保风险辨识涵盖物理风险（如火灾、自然灾害）、操作风险（如人为错误、故障）、法律风险（如合规问题）、环境风险（如污染、资源短缺）等各方面。

（4）风险分类。将辨识到的风险分类，并根据其后果严重性和可能性进行分级。通常采用风险矩阵或评估模型，以确定哪些风险需要优先处理。

（5）风险描述。对每个风险进行详细描述，包括其性质、潜在影响、可能性和可能的原因，便于理解风险的本质以及采取相应措施应对风险。

（6）风险评估。评估每个风险的后果严重性和可能性。通常使用量化方法（如数值评分）或定性方法（如低、中、高）来表示风险等级。这有助于企业了解风险严重程度。

（7）优先级确定。基于风险评估结果，确定哪些风险需要优先处理。这可以基于风险的严重性、可能性、紧急性和其他相关因素来决定。

（8）制订风险管理计划。为每个高优先级风险制订管理计划，确定必要的控制措施、责任人、时间表和资源，确保风险得到适当的监测和管理。

（9）监测和更新。编制安全风险清单不是一次性的工作，应定期监测和更新，确保风险清单随着时间的推移保持更新，以适应不断变化的环境和情况。

编制安全风险清单是企业管理风险的关键步骤之一。它有助于企业更好地了解其潜在风险，制定有效的风险管理策略，并确保人员和财产安全。在安全风险管理过程中，持续更新安全风险清单至关重要，以适应不断变化的风险环境。

46. 什么是风险告知卡？内容包括哪些？

安全风险告知卡又称为安全风险披露卡或风险披露卡，是用于记录和传达与工作或活动相关的潜在风险和安全信息的工具。它通常用于工业、建筑、采矿、化工、医疗和其他领域，旨在提醒人员注意潜在的危险，以采取适当的措施来降低风险，确保安全。

安全风险告知卡通常包括以下内容，以便清晰地传达风险信息：

（1）项目或活动信息。记录项目或活动的名称、地点、日期和时间，以便人员了解何时何地存在风险。

（2）工作或活动描述。详细描述参与的工作或活动，包括涉及的任务和过程，以便确定潜在的风险点。

（3）危险源辨识。列出可能存在的危险源，如化学品、机械设备、高温、高压、电气设备等。对于特定工作或活动，要仔细辨识可能引发危险的因素。

（4）潜在风险描述。对每个危险源进行详细描述，包括可能的风险、事故类型和可能导致的伤害或损失，便于人员理解潜在风险的性质和严重程度。

（5）潜在风险分级。将每个潜在风险分级，通常使用颜色或数字等符号来表示风险的严重性。例如，可以使用绿色表示低风险，黄色表示中等风险，红色表示高风险。

（6）控制措施。列出采取的控制措施，以降低或消除潜在风险。控制措施可能包括使用劳动防护用品、安全操作程序、紧急应对计划等。

（7）安全指导。安全指导应包括如何正确使用设备、注意事项、应急程序等，便于人员了解如何在工作过程中保障安全。

（8）签名和日期。签名表示人员已经阅读并理解了安全风险告知卡，日期可反映信息的时效性。

（9）监督和审查。提供监督和审查的机制，确保安全风险告知卡得到及时更新和修订，以反映工作环境和条件的变化。

安全风险告知卡的目的是增强对潜在风险的认识，鼓励人员采取适当的预防措施，从而降低事故和伤害的发生概率。它还有助于建立安全文化，使人员养成关注安全的习惯，确保工作和活动能够在安全的环境中进行。

需要注意的是，安全风险告知卡是动态的，应随着工作条件、环境和任务的变化而更新。只有不断地审查和改进，才能确保其有效性，并最大限度地降低潜在风险。

47. 安全风险辨识评估报告应包括哪些内容？

编写安全风险辨识评估报告是确保企业能够有效管理和减轻潜在风险的关键步骤。安全风险辨识评估报告应包括以下内容：

（1）报告概要。报告的第一部分应是简要概述，即概括报告的目的、范围和主要发现。这一部分应有摘要，帮助读者了解报告的整体内容。

（2）引言。报告的引言部分应解释进行安全风险辨识评估的目的以及其背后的动机。应阐述报告的目标和预期结果，以便读者了解这项评估的重要性。

（3）评估方法。详细描述用于评估的方法和工具，包括数据收集、参与者的角色以及数据分析方法，以便读者理解评估的可信度和方法的科学性。

（4）风险辨识。介绍风险辨识过程，包括辨识的目标、方法和结果。列出辨识到的各种潜在风险，可能包括物理风险、操作风险、法律风险、环境风险等。对于辨识到的风险，提供详细的描述，包括风险的性质、严重性和概率。

（5）风险评估。对辨识到的风险进行评估，包括确定其潜在影响和可能性。通常使用矩阵或模型来量化风险，以便更好地理解哪些风险是重大的，需要优先考虑。

（6）风险管理建议。基于风险评估的结果，提供管理或减轻潜在风险的具体建议，包括控制措施、培训计划、预防措施等。

（7）风险监测计划。阐述监测潜在风险的计划，包括监测方法、监测频率和责任分配，以确保风险持续受到关注，随着时间的推移进行评估和更新。

（8）结论。在报告的结论部分，总结主要发现、风险和建议，强调哪些风险是需要优先消除的，并指出应该采取的紧急行动。

（9）建议的行动计划。提供清晰的行动计划，包括时间表、责任人和资源分配，以确保实施风险管理建议。

（10）附录和参考文献。如果有必要，附上支持数据、图表、图像以及引用的参考文献，以便读者深入了解评估的依据。

（11）签名和日期。在报告末尾，确保有适当的签名和日期，以证明报告的准确性和时效性。

编写安全风险辨识评估报告需要清晰的沟通和翔实的数据支持，确保报告易于理解。这样，决策者和利害相关者便能根据评估结果采取适当的行动，降低潜在风险，提高企业的安全性。

48. 风险数据初始化和持续更新需要注意哪些问题？

风险数据初始化和持续更新是一个复杂的过程，需要注意以下几个问题：

（1）在初始化和更新风险数据时，首先要明确数据的定义和范围，即确定需要纳入风险评估的数据，以及这些数据的定义和分辨方法。

（2）建立有效的数据收集和整理流程，包括确定数据来源、数据收集频率、数据清洗和验证方法等，以确保数据的准确性和完整性。

（3）风险数据可能随着时间和环境的变化而发生变化。因此，在初始化和更新风险数据时，需要考虑数据的时效性和更新频率。定期更新数据可以确保风险评估的准确性和及时性。

（4）风险数据可能包含敏感信息，因此需要确保数据的保密性和安全性。采取适当的安全措施，如加密、访问控制等，以防止数据泄露和未经授权的访问。

（5）建立有效的数据质量监控机制，包括定期检查数据的准确性、一致性、完整性等，并及时发现和解决数据质量问题，以确保数据的准确性和完整性。

（6）为了更好地理解和解释风险数据，需要考虑数据的可解释性和可视化。将数据以易于理解的方式呈现，可以帮助决策者更好地了解风险情况，并做出更有效的决策。

49. 如何应用安全风险辨识评估结果？

安全风险辨识评估结果是进行风险管理的基础，应用安全风险辨识评估结果，可以更好地预防和应对风险，保障生产安全。安全风险辨识评估结果应用体现在以下几个方面：

（1）为风险管理决策提供依据。根据安全风险评估结果，确定优先处理的风险和相应的应对措施，制订有效的风险管理计划。

（2）优化安全控制措施。评估结果可以帮助确定已存在的安全控制措施是否足够，并对不足之处进行改进或补充，提高整体安全性。

（3）对资源进行合理分配。通过评估结果，可以合理分配资源，根据风险的严重程度和可能损失的大小，确定需要加强风险管理的领域和重点。

（4）规划预防措施。根据安全风险评估结果，制定适当的预防措施，并提前采取相应措施来减少风险，降低事故发生的可能性。

此外，安全风险辨识评估结果还可以应用于指导和完善生产计划、灾害预防和处理计划、应急预案等，以及用于指导重新编制或修订完善作业规程、操作规程等。在生产系统、生产工艺、主要设施设备、重大灾害因素等发生重大变化时，以及新技术、新材料试验或推广应用前,评估结果都可以作为重要依据。

50. 如何应用安全风险清单?

安全风险清单的应用是一个持续的过程,应定期更新和维护安全风险清单,以确保其准确性和有效性。同时,应制定相应的风险管理措施,并及时应对和处理突发风险事件。安全风险清单的应用可体现在以下几个方面:

(1)风险清单作为风险管理的重要成果,应在风险管理体系内运行,为风险管理提供重要依据。

(2)围绕风险清单,分析企业对该风险有无有效的应对措施。如果没有,应及时制定和实施相应的风险管理措施。

(3)风险清单可以作为企业"体检"项目表,帮助企业定期检查和评估自身的安全风险状况。

51. 应采取哪些措施来完善企业安全风险清单?

完善企业的安全风险清单,可以提高其风险管理水平,确保企业持续稳健发展。可以采取以下几项措施来完善企业的风险清单:

(1)进行定期更新。企业应定期更新安全风险清单,确保其与当前的运营环境、业务需求和法规要求保持一致。更新的频率应根据企业的具体情况和风险的变化速度来确定。

(2)建立反馈机制。建立有效的反馈机制,鼓励从业人员和其他相关方提供关于完善安全风险清单的建议,以便企业及时发现和纠正安全风险清单中的不足和错误。

(3)定期进行风险评估。定期对安全风险清单中的风险进行评估,以确定其优先级和重要性,以便企业集中精力处理最关键的风险,并确保资源的合理分配。

(4)持续改进。企业应不断寻求改进安全风险清单的方法和工具，以提高其准确性和有效性，包括引入新的风险评估技术和采用更先进的风险管理软件等。

（5）加强培训和教育。加强对从业人员的培训和教育，提高他们的风险意识和风险管理能力，便于从业人员更好地理解和使用安全风险清单，并在日常工作中主动辨识和管理安全风险。

（6）进行监控和审查。建立监控和审查机制，包括定期的内部审计、外部审计或第三方评估等，确保安全风险清单的修改和完善工作得到有效落实。

（7）确保合规性。确保安全风险清单的完善符合相关法规和标准的要求。企业应密切关注法规变化，并及时调整安全风险清单，以适应新的法规要求。

（8）开展跨部门合作。加强跨部门之间的合作与沟通，确保安全风险清单的完善工作得到各部门的支持和配合，保障风险管理的全面性和有效性。

52. 如何实现风险数据库的持续优化？

为确保风险数据库的内容符合企业实际，应及时了解是否出现了新的前期未辨识的风险事项，所依据的法律法规、标准规范与技术要求是否修改或新增。依照情况的实时变化，对风险数据库进行更新和优化，具体措施如下：

（1）建立完善的风险数据库管理制度。制定明确的管理规定和操作流程，确保风险数据库的建立、维护和使用符合规范。同时，要明确各部门和人员的职责和权限，确保数据的安全性和完整性。

（2）随着业务发展和外部环境的变化，风险数据库中的数据和信息也需要不断更新和升级。因此，要定期对风险数据库进行更新和升级，确保其与实际情况保持一致。

（3）不断学习和引进国内外先进的风险管理技术和方法，提高风险数据库的准确性和可靠性。例如，可以采用大数据分析、人工智能等技术手段，对风险数据进行深度挖掘和分析。

（4）加强数据质量管理和校验。建立完善的数据质量管理和校验机制，确保风险数据库中的数据准确。对于异常数据或错误数据，要及时进行修正和补充。

（5）为了防止数据丢失和损坏，要建立完善的风险数据库备份和恢复机制。同时，要定期对备份数据进行恢复测试，确保备份数据的可用性和可靠性。

（6）加强对风险管理人员的培训和管理，提高他们的专业素养和风险管理能力。同时，要建立完善的人员激励机制，鼓励从业人员积极参与风险管理活动。

（7）定期对风险数据库的运行状况进行评估和分析，发现存在的问题和不足，及时进行改进和优化。同时，要根据评估结果，调整风险管理策略和方法，提高风险管理的效果。

五、风险分级管控

53. 什么是风险分级管控？

安全风险分级管控是指通过识别生产经营活动中存在的危险、有害因素，运用定性或定量的统计分析方法确定事故发生的可能性及其后果严重性，进而确定风险控制的优先顺序和风险控制措施，为达到改善安全生产环境、减少和杜绝生产安全事故的目标而采取的措施和规定。风险分级管控按照风险不同等级、所需管控资源、管控能力、管控措施实施难易程度等因素而确定不同管控层级的风险管控方式。

制定风险分级管控程序是为了系统地对生产活动范围内的危害因素及其安全风险进行识别、评估、分级和管控，并提出合理可行的风险控制措施。该程序需要企业各部门在进行风险辨识与评估之前，成立评价小组。评价小组成员应该涵盖各个专业及各个岗位，且需经过风险分级管控知识的培训和考核合格，以保障其具备开展危险源辨识和风险评估的能力或资格。

从总体上讲，风险分级管控程序可以分为4个阶段，即危险源辨识、风险评估、风险控制、效果验证与更新。4个阶段缺一不可、循序渐进，都是风险分级管控程序的重要组成部分，为企业的安全发展起到重要的作用。

54. 风险分级管控的基本目的和要求是什么？

（1）风险分级管控的目的。风险分级管控的目的是辨识企业范围内影响安全的危险、有害因素，评估其风险程度，判定风险等级，确定重大风险，明确管控层级，并对其进行有效的控制，以降低风险，杜绝和减少各种隐患，防止生产安全事故发生，保证在投入有限资源的情况下达到最佳的风险管控效益。

（2）风险分级管控的要求如下：

1）企业应建立完善的风险分级管控体系，明确各级人员的职责和权限，确保风险管控工作的有效实施。

2）企业应对生产经营活动中存在的危险、有害因素进行全面辨识和评估，确定风险等级，为后续的风险管控工作提供依据。

3）针对辨识出的风险，企业应制定相应的风险控制措施，包括工程技术措施、管理措施、培训教育措施等，确保风险得到有效控制。

4）企业应按照制定的风险控制措施，认真组织实施，确保各项措施得到有效执行。

5）企业应定期对风险管控工作进行评估和改进，不断完善风险分级管控体系，提高风险管控水平。

55. 风险分级管控的基本流程与逻辑是什么？

（1）风险分级管控的流程并不是线性的，而是需要反复进行、不断完善的过程。同时，由于风险的复杂性和多变性，风险分级管控工作需要全员参与、持续改进，以确保企业的安全生产和从业人员的健康与安全。风险分级管控的基本流程如下：

1）风险辨识。通过各种方法辨识所有可能的风险源和风险因素，确保全面覆盖。

2）风险评估。对辨识出的风险进行评估，确定其可能性和后果严重性，为后续的风险分级提供依据。

3）风险分级。根据风险评估的结果，将风险分为不同的等级，如高、中、低等。

4）制定风险控制措施。针对不同等级的风险，制定相应的控制措施，包括预防措施、应急措施等。

5）实施风险控制措施。实施风险控制措施确保风险得到有效控制。

6）监督和检查。对风险控制措施的实施情况进行监督和检查，确保其有效性和持续性。

7）持续改进。根据监督和检查结果，对风险分级管控流程进行持续改进，提高其有效性和适应性。

（2）风险分级管控的逻辑主要基于以下几个原则：

1）风险越大，管控级别越高。对于高风险的项目或活动，需要采取更加严格的管控措施，以确保风险得到有效控制。

2）上级负责管控的风险，下级必须负责管控，并逐级落实具体措施。这意味着风险管控工作需要层层递进，从上到下逐级落实，确保每个层级都承担起相应的风险管控责任。

3）风险分级管控需要全面覆盖所有可能的风险源和风险因素。这意味着需要对所有可能的风险进行辨识、评估和控制，确保不遗漏任何潜在的风险源。

4）风险分级管控需要制定相应的控制措施。针对不同等级的风险，需要制定相应的预防措施、应急措施等，确保风险得到有效控制。

5）风险分级管控需要持续改进。由于风险的复杂性和多变性，风险分级管控工作需要不断进行改进和优化，以适应新的风险环境和变化。

56. 风险分级管控共分为几级？

风险分级管控的4个等级与风险的等级对应。风险分为蓝色风险、黄色风险、橙色风险和红色风险4个等级（红色最高）。

（1）蓝色风险。蓝色风险包括5级风险和4级风险。5级风险，稍有危险，是需要注意或可忽略的、可接受的。对于5级风险，从业人员应引起注意；企业基层工段、班组负责控制管理，可根据是否在生产场所或实际需要来确定是否制定控制措施及保存记录。4级风险，轻度危险，是可以接受或可容许的。对于4级风险，企业车间、科室应引起注意并负责控制管理，所属工段、班组具体落实；不需要另外的控制措施，应考虑投资效果更佳的解决方案或不增加额外成本的改进措施，需要监督控制措施落实情况，保留记录。

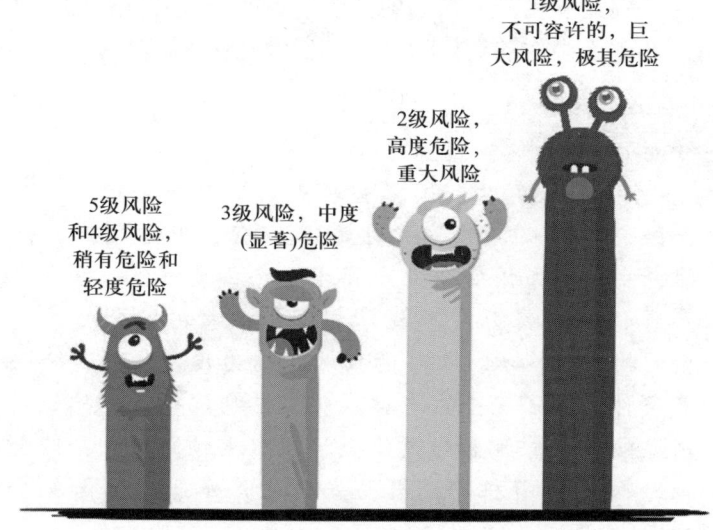

风险分级管控

（2）黄色风险。黄色风险指3级风险，中度（显著）危险，需要控制并整改。对于3级风险，企业、部室（车间上级单位）应引起注意并负责控制管理，所属车间、科室具体落实；应制定管理制度、规定进行控制，努力降低风险；应限定预防成本，在规定期限内实施降低风险措施。

（3）橙色风险。橙色风险指2级风险，高度危险，重大风险，必须制定措施进行控制管理。对于2级及以上的风险，企业应重点控制管理，由安全生产管理机构和各职能部门根据职责分工具体落实。当风险涉及正在进行中的作业时，应采取应急措施，并根据需求制定风险控制目标、指标、管理方案或配给资源、限期治理，直至风险等级降低后才能开始作业。

（4）红色风险。红色风险指1级风险，是不可容许的，巨大风险，极其危险，必须立即整改，不能继续作业。对于1级风险，只有当风险等级降低后，才能开始或继续作业。

> **相关链接**
>
> 《中华人民共和国安全生产法》第四条规定，生产经营单位必须遵守本法和其他有关安全生产的法律、法规，加强安全生产管理，建立健全全员安全生产责任制和安全生产规章制度，加大对安全生产资金、物资、技术、人员的投入保障力度，改善安全生产条件，加强安全生产标准化、信息化建设，构建安全风险分级管控和隐患排查治理双重预防机制，健全风险防范化解机制，提高安全生产水平，确保安全生产。

57. 风险控制措施有哪些？

风险控制措施是指为将风险降低至可接受水平而采取的相应控制方法和手段。风险控制措施如下：

（1）企业重大安全风险管控领导小组依托企业安委会，定期召开会议，研究部署企业重大安全风险管控工作。

（2）企业建立（编制）包括辨识部位、存在风险、风险分级、事故类型、主要管控措施、责任部门和责任人等内容的重大安全风险管控信息台账（清单）。

（3）企业对存在重大安全风险的岗位、作业活动、重大危险源等，实行安全许可制，制定规章制度、安全操作规程、安全操作指导书等，规范重大安全风险管理，根据生产工艺、设备、设计等环节变化情况，及时修改、完善相应的安全操作规程。

（4）企业应加强对重大安全风险监测监控设施的检测和检查，确保其有效性。

（5）企业对存在重大安全风险的工艺设置警报和警示信号，逐步实现自动联锁控制；在有较大及以上等级风险的生产经营场所显著位置、关键部位和有关设施设备上应当设置明显的警示标志、标识,设立包括疏散路线、危险介质、危害表现和应急措施等内容的公示牌(板)。

(6)各级对重大安全风险负有管理职责的部门及责任人,应制定重大安全风险安全检查表,结合安全操作规程、工艺技术操作规程、设备检修和维护规程的具体要求,对安全检查表中的检查项目逐项制定安全检查标准,同时规定检查的方式和频次、临时处置措施。对存在的问题和隐患按照企业相关制度进行整改。

企业在选择风险控制措施时应考虑可行性、安全性、可靠性、经济合理性等。风险控制措施应包括工程技术措施、管理措施、培训教育措施、安全到岗工程、个体防护措施以及应急处置措施等。

企业在实施风险控制措施前,应针对以下内容对风险控制措施进行评审:措施的可行性和有效性,是否使风险降低到可容许水平,是否产生新的危险源或危险、有害因素,是否已选定了最佳的解决方案等。

58. 如何落实风险分级管控?

(1)提高思想认识,落实安全生产责任。企业的"一把手"要高度重视安全生产工作,以身作则抓安全生产工作,构建横向到边、纵向到底的安全生产责任体系,打造本质安全文化。

各级领导要提高政治站位,做到守土有责、守土尽责,要善于管理,敢于管理。开展安全风险分级管控建设是企业的安全生产主体责任,指明了安全风险管理的细节,解决了安全风险"想不到"的问题。通过管控责任划分,解决了安全风险"管不到"的问题。以风险点、危险源为核心进行隐患分级排查、分级治理,解决了隐患"治不到"的问题。

（2）精准开展风险分级管控，促进管控措施落地。具体包括以下内容：

1）科学划分风险单元。企业应组织全体人员全面排查所涉及的岗位、设备设施、场所和区域、工艺流程和作业过程。风险单元可能有若干个危险源或危险因素。从利于管控的角度出发，划分风险单元应遵循"大小适中、便于分类、功能独立、易于管理、范围清晰"的原则。

2）全面辨识危险源。辨识危险源是风险分级管控最底层的设计，是风险有效管控的基础保障。在危险源辨识时，应组织全体人员根据本岗位实际工作内容，对生产过程中的人、物、环境和管理等方面开展风险辨识。辨识要做到系统、全面，并确定责任人。企业安全生产管理机构应对企业辨识风险源的全过程和人员给予充分的指导和交流，保障风险辨识全面、准确。

3）明确风险分级评估，强化管控措施。风险评估是指对风险严重性、风险导致伤害的可能性进行分析，并对分析结果进行综合评价，确定风险等级的过程。进行风险分级评估时，关键要结合企业的工作实际，充分考虑作业的频次、人数、发生事故的可能性以及事故后果的严重性。合理的分级有利于人力资源调配，发挥出最大的管理效能。要充分发挥专业技术人员和管理人员的作用，不能盲目照搬照抄，以免资源浪费，出现大材小用的情况。

管控措施的制定应根据风险等级，综合考虑所需管控资源、管控能力、管控措施实施难易程度，并结合企业实际、现有的管理方法、管控力度和应急力量等风险控制因素，同时要广泛征求从业人员的意见。不能在提出管控措施的同时增加新的风险，同时也要与其他业务进行有机结合，避免重复工作。安全风险分级管控是管理工具，不能成为工作障碍。

（3）加强隐患排查治理，切实消除事故隐患。依据风险辨识评估和管控措施的制定,按责任分工和风险等级形成隐患排查清单,分级进行排查,包括公司级、车间(部门)级、班组级和岗位级。不同级别的排查要由不同层级的管理人员组织开展,这样不仅可以深化落实安全生产责任,同时能够更好地发挥不同层级人员的力量。

59. 风险分级管控体系建设制度包括什么?

(1)风险辨识和评估制度。进行风险分级管控体系建设,首先需要建立风险辨识和评估制度。该制度包括确定风险辨识的方法和工具,并针对不同的风险类型进行评估,确定其潜在的影响和可能导致的损失。这一步骤对于建立有效的风险分级管控体系非常关键,可以为企业提供有效的决策依据。

(2)风险分类和分级制度。在风险辨识和评估的基础上,应建立风险分类和分级制度。该制度将风险按照其影响程度、出现频率和可能的损失进行分类和分级,以便企业将有限的资源和精力集中在最关键的风险上,实现更高效的风险管控。

(3)风险控制和应对制度。风险控制和应对制度是风险分级管控体系建设制度的核心内容。该制度需要建立相应的控制策略和控制措施,并规定风险管控的责任和权限,确保这些控制措施得以有效地实施。同时,该制度应包括应急预案和应急响应程序,以便企业能够及时、有效地应对风险事件,降低损失和影响。

(4)风险监控和反馈制度。该制度应规定监控风险的方法和频率,并建立风险监控指标和预警机制,明确反馈和报告的渠道和方式,以便企业能够及时了解风险状况,并根据监控结果和反馈信息进行必要的调整和改进。

(5)风险意识培训制度。该制度需要对企业从业人员进行风险意识培训和教育,加强其对风险的认识和理解,使其严格遵守和执行风险管控制度。此外,该制度还鼓励从业人员积极参与风险管控活动,促进全员风险管理的落实。

(6)风险审核和改进制度。该制度需要定期对风险管控体系的有效性和适用性进行评估和检查,并及时改进和调整。同时,该制度还需要建立风险管理的绩效评估机制,评估风险管理的效果和成效,以便为企业的决策提供参考依据。

60. 风险分级管控体系的特点有哪些?

(1)把法律法规融入企业可执行的规章制度。以系统化的思维方式和工作模式,把我国安全生产的方针政策全面、系统地融入企业的制度、流程和标准中,使相关要求变成企业可操作的标准。

(2)以风险控制为主线,提出系统化的管理内容。管控体系依据企业安全生产活动中存在的风险,确定安全生产过程中的管理对象,并以要素形式加以明确,解决安全生产"管什么"的问题。

(3)以PDCA循环为原则,提出规范化管理要求与方法。管控体系对各要素的管理实现PDCA循环,提出PDCA循环各环节具体的管理要求与方法,解决安全生产"怎么管"的问题。

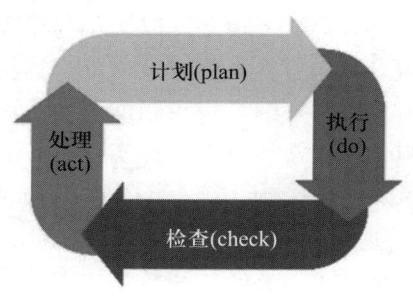

（4）以风险评估与控制为手段，超前控制干预，将安全防范关口前移。管控体系要求实施风险分析与评估，全面辨识各类风险。通过事先采取控制措施，把事故消灭在萌芽状态，达到主动、超前控制，实现安全防范关口前移，充分体现了"安全第一、预防为主、综合治理"的方针要求。

（5）在具体操作中注重方法的研究、提炼和总结，实现管理、作业的标准化和规范化。建立并应用风险评估标准与方法，为全面辨识和控制风险提供技术支持。自上而下、系统地建立一体化制度和一整套管理与作业标准、表单，让基层人员在一项任务中只执行一个操作文件，完成一套记录表格，确保管理落地。

61. 岗位风险管控清单的作用是什么？如何使用？

风险管控清单可以帮助企业全面了解和评估各种风险，并采取相应的措施进行预防和应对，以最大限度地保护企业的利益和避免潜在的损失。通过制定和执行风险管控清单，企业能够更好地管理和控制风险，提高企业的运营效率和竞争力。

利用岗位风险管控清单进行企业风险管理，是基于风险管理的一般模型，即风险辨识、风险评估和风险控制，在岗位风险管控清单编制过程中，完成风险辨识和风险评估的过程。岗位风险管控清单的使用步骤如下：

（1）编制岗位风险管控清单。以岗位为单元，企业人员围绕各自的工作职责及内容，查阅企业内外部通报、领导讲话及近年来发生的风险事件，结合规章制度及业务流程中的重要风险，对可能影响企业正常经营与目标实现的各项风险进行辨识和梳理，制定风险防控措施，统一汇总并编制企业的岗位风险管控清单。

（2）意见征求、审核发布。在整理、汇总风险梳理情况以及防控措施后,即形成企业总体的岗位风险管控清单。在企业范围内征求意见,以确保风险辨识的准确性及风险防控措施的可行性。征求意见并对岗位风险管控清单进行修改完善后,将岗位风险管控清单汇编成册,审定后予以发布实施。

(3)培训推广。风险管理涉及企业所有业务、岗位和操作人员,覆盖全员全过程,必须加强各个层面的宣传和培训,形成良好的运行氛围。通过培训,企业应培养部分熟悉风险管理、规章制度、内控知识且具有实践经验的管理人员,持续开展培训推广工作。

(4)落实执行。全员推广培训结束后,岗位风险管控清单要想落到实处,就要与日常的工作检查联系起来,通过测试、检查以及不定期抽查并纳入考核,促使企业各级人员更加注重风险防范,不断纠正粗放管理的习惯,自觉用公司制度、规范、流程来约束各项行为,增强责任意识和执行意识,将风险管理落实到实际行动上。

(5)审核测试和管理评审。审核测试和管理评审可以检验利用岗位风险管控清单进行风险管理是否达到了预期效果,是发现运行问题的重要手段。企业可以每年进行一次审核测试、管理评审,对发现的问题及时提出解决方案,明确改进方向,督促整改,推动企业风险管理持续改进。

62. 基层人员如何开展风险防控?

基层人员在开展风险防控方面起着至关重要的作用。基层人员可以参考以下方法,有效地参与风险防控工作:

(1)了解企业的风险管理政策。基层人员需要深入了解所在企业的风险管理政策,包括对风险的定义、评估和处理方法。这为基层人员提供了明确的指导,使其能够更好地理解企业的风险管理目标和期望。

（2）培训和教育。企业应该提供定期的培训和教育，以帮助基层人员认识潜在的风险，并了解如何在日常工作中辨识和应对这些风险。培训和教育可以增强基层人员的风险意识和应对能力。

（3）积极参与风险评估。在日常工作中，基层人员可以积极参与所在部门或工作岗位的风险评估活动。基层人员的实际操作经验，有助于企业更全面地识别潜在问题和威胁，并提出切实可行的改进建议。

（4）定期报告问题。基层人员在工作中发现风险或事故隐患后应及时报告。企业应建立有效的报告机制，确保基层人员能够方便地报告问题，从而促使企业迅速采取措施消除或减轻潜在的风险。

（5）遵守标准和规程。基层人员应该遵守企业或行业的相关标准、规程，确保工作符合相关的安全要求。这包括正确使用设备、佩戴必要的劳动防护用品等。

（6）建议和改进。鼓励基层人员提出改进建议，以降低潜在风险并提高工作效率。企业可以建立基层人员建议制度，或通过定期的团队会议等渠道收集基层人员的意见和建议。

（7）鼓励团队合作。通过鼓励团队合作和信息分享，促使基层人员之间相互支持，共同关注潜在风险，有助于加强整个团队的风险防控能力。

（8）紧急响应培训。基层人员应该接受紧急响应培训，确保他们在危急时刻能够冷静应对，采取正确的行动。这包括灭火、急救等基本紧急情况处理技能。

63. 企业风险分级管控的对象是什么？运行流程是怎样的？

（1）管控对象。风险分级管控有四大管控对象，分别为设备设施（点）、工艺流程（线）、人员岗位（面）和环境氛围（体）。风险是一个抽象的概念，是指不期望事件发生的概率与后果严重性的结合。引进"点线面体"的思想，分别对应4类不同的管理对象。4类对象包括11种风险形式，具体如下：研发、制造、安装缺陷，设备因故障而不正常运行，设备因故障而无法运行，异常突发工作状况，意外伤害事件，危险因素，危害因素，不安全行为，恶劣气候条件，场所设计缺陷，场所环境不良。设备设施类风险管控以设备设施的完好、正常运转为核心，工艺流程类风险管控以工艺流程正常运行为核心，人员岗位类风险管控以人员职业健康安全为核心，环境氛围类风险管控以良好的环境氛围为核心。

（2）运行流程。风险分级管控阶段包括四大运行环节，分别为风险辨识、风险分析、风险评估和风险控制，遵循动态运行、持续改进的原则。风险辨识基于"点线面体"辨识模式，以"4类风险因素—11种风险形式"为辨识思路，全面辨识企业在生产过程中涉及的设备设施、工艺流程、人员岗位、环境氛围类风险因素，建立全面、系统、针对不同层级管控需要的风险数据库。

风险分析是在安全风险辨识工作的基础上,继续对事故发生的可能性和后果的严重性进行定性分析,并考虑现有安全风险管控措施的有效性,为安全风险评估和分级管控提供支持。风险评估是在风险定性分析的基础上进行进一步的定量评估,并结合企业的安全风险准则,确定安全风险等级,以便确定风险控制等级。风险评估方法有固有风险评估分级方法、企业典型事故风险评估分级方法、企业高危作业风险评估分级方法等。

64. 班组如何动态管理风险?

(1)引入安全同业对标机制,开展安全动态排名考评。要将同业对标的理念引入企业安全管理工作。按照"求真务实、力求实效"的要求,通过建立"单位—班组—从业人员"三级安全动态评估、排名体系,将企业的安全目标层层分解、层层落实。要充分发挥各级安全组织体系和监督体系的作用,不断弥补安全管理的薄弱环节。安全动态排名以各生产单位日常安全管理、反违章工作、各类专项安全活动及年度安全重点工作任务等完成情况为主要内容,通过定期开展自评和考评,及时公布排名情况,促使各生产单位全面查找差距并不断改进。

安全动态排名考评采取单位自查自评和考评小组现场检查考评相结合的方式,包括自查自评阶段、现场检查考评阶段、考评汇总阶段、考评结果公示及发布阶段。考评小组现场检查考评一般结合日常安全检查、春秋季安全大检查、安全持卡检查等工作一并开展,也可通过安全动态排名专项检查活动开展。安全动态排名结果将与各单位月度绩效考核挂钩,并作为年度安全先进单位评比的重要依据。

(2)开展班组安全承载力分析,控制班组安全动态风险。班组安全承载力分析就是通过对班组人员素质、班组管理、设备状况、外部环境等因素进行评估,依据权重和分数得出班组安全风险总分，并将班组安全风险总分划分为5级，扣分越多，星级越高，风险越大，说明班组安全承载力综合水平越低，能承担的作业风险等级越低。同时，要对班组工作任务进行动态风险定量分析，系统考虑工作量与班组人员状况是否匹配，合理安排班组月、周工作计划，避免班组超出自身安全承载力危险作业。

开展班组安全风险评估应根据班组工作性质进行分类，合理设置各评估项目权重。成立安全风险评估工作小组。评估工作分为初评、评定、后评估3个阶段。评为一星级、二星级的班组安全风险预控措施由企业负责编制和实施，三星级及以上班组由安全风险评估工作小组牵头，进行专题分析，制定风险预控措施。后评估阶段重点检查风险预控措施的落实情况。

（3）建立"人人安全档案"信息系统，进一步提升全员安全素质水平。通过收集企业从业人员的个人基本信息、技能等级情况、安全教育记录、安全违章记录、安规考试成绩、安全奖惩记录等信息，建立"人人安全档案"信息系统，动态反映生产一线全体从业人员的安全素质情况，全面记录作业活动中人的不安全行为。将"人人安全档案"与个人安全工器具管理、新工作负责人评定、星级工作负责人考评、安全素质"人人过关"培训考试等工作有机结合，进一步夯实安全管理基础。

组织开展全员安全素质"人人过关"培训考试，进一步提高从业人员的安全技能素质，提升安全生产水平，规范作业行为，杜绝各类违章行为。全员安全素质"人人过关"培训内容包括安全基础知识和现场应急处置知识，以及相应专业的安全基本要求。从业人员要结合自己的岗位进行学习，熟悉并掌握本专业安全知识和安全工作要求，从而满足生产实际所需的安全素质要求。

（4）建立外包施工队伍动态管理系统，实现外包施工队伍"五严"管理。外包施工队伍管理是安全管理的难点和重点。为加强工程外包的全过程管理和监督，确保新建、扩建及技改的外包工程安全、优质、高效完成,防范各类事故及违章现象发生,企业要对外协外包施工队伍和人员实行严格资质审查、严格准入要求、严格施工人员核对、严格现场技能考核、严格施工器具配置的"五严"管理要求。

65. 为什么有些企业要制定重大安全风险管控方案?

(1)专业化和系统性需求。重大安全风险通常涉及更高层面的专业知识和系统性的管理。制定重大安全风险管控方案有助于系统地分析、辨识、评估和应对那些可能对企业产生重大影响的风险。制定重大安全风险管控方案往往需要专业的团队或专业顾问参与,以确保全面深入地进行分析。

(2)应对特殊风险事件。有些企业可能面临特殊的、不常见的风险事件,这些风险可能不适用于一般的风险管理流程。

制定重大安全风险管控方案可以确保企业在面对特殊风险时有明确的计划和措施，以使潜在损失最小化。

（3）跨部门协同。重大安全风险通常涉及多个部门和业务单元，因此需要跨部门的协同和合作。制定重大安全风险管控方案可以促使各个部门更好地协同工作，确保在企业范围内的一致性和有效性。

（4）制定应急预案。针对重大安全风险，往往需要制定详细的应急预案，以便在危机时迅速响应和降低损失。制定重大安全风险管控方案有助于制定完备的应急预案，提高企业在危机时的应对能力。

66. 如何进行重大安全风险管控？

（1）企业应对可能发生的重大安全风险进行全面评估和分类，包括对内外部环境的调研和分析，辨识潜在的风险源并加以区分，以便更好地制定相应的应对策略。

（2）企业应建立有效的安全风险监测和预警机制。通过收集、整理和分析相关信息，对重大安全风险进行监测和评估，以便预知和预警安全风险，从而降低危机发生的概率。

（3）针对已经发生或即将发生的重大安全风险，企业应制定相应的应对和控制策略，包括制定详细的预案和行动方案，明确责任和权限，确保在危机发生时能够迅速、高效地应对，并减少损失。

（4）在重大安全风险发生后，企业应及时进行事故溯源和风险剖析。通过对事故原因的深入分析和评估，可以找出问题所在，总结教训，为以后类似风险的防范提供有力依据。

（5）企业应建立健全风险应急和恢复机制，包括制定应急预案、培训从业人员、建立应急响应团队等，以便在事故发生时能够快速响应，并迅速恢复业务稳定。

六、风险分级管控的支持与完善

67. 企业安全风险分级管控建设的一般流程是什么？

（1）前期准备。确定管控对象，培训安全风险分级管控及隐患排查治理相关人员，准备辨识评估基础资料。

（2）危险、有害因素分析与风险辨识。根据《生产过程危险和有害因素分类与代码》（GB/T 13861—2022）和《企业职工伤亡事故分类》（GB/T 6441—1986），对生产系统、装置设施、作业环境、作业活动等进行危险、有害因素分析和风险辨识。

（3）风险评估。对不同类别的安全风险，采用相应的风险评估方法（如作业条件危险性分析法、风险矩阵分析法）确定安全风险大小。突出遏制重特大事故，高度关注暴露人群，聚焦重大危险源、劳动密集型场所、高危作业工序和受影响的人群规模。

（4）风险分级。将安全风险从高到低划分为重大风险、较大风险、一般风险和低风险4个等级，分别用红、橙、黄、蓝4种颜色标示。建立安全风险清单，绘制"红橙黄蓝"四色安全风险空间分布图。

（5）风险管控。针对不同的安全风险特点，通过隔离危险源、采取技术手段、实施个体防护、设置监控设施等措施降低和监测风险。对安全风险分级、分层、分类、分专业进行管理，强化对重大危险源和存在重大安全风险的生产经营系统、生产区域、岗位的重点管控，实施安全风险公告警示。

68. 企业安全风险分级管控建设涉及哪些文件资料？

依据企业安全风险分级管控体系的实施流程，企业安全风险分级管控建设涉及以下文件资料：

（1）体系建设文件。体系建设文件包括安全风险分级管控体系以及隐患排查治理体系的成立文件及实施方案，用于确定体系建设的领导小组，明确各级管理层和人员的责任和义务。

（2）风险分级管控教育与培训资料。企业有责任对从业人员进行安全风险分级管控的教育与培训，旨在提高从业人员对安全规定和程序的认识。相关文件资料包括教育培训记录、培训计划、培训内容以及培训制度等。

（3）法规标准及政策文件。企业安全风险分级管控体系建设依托于企业安全风险分级管控体系文件以及相关法规标准。企业的安全政策文件应明确企业对安全的承诺和目标，这些文件通常由高层管理层制定，为整个安全管理体系提供基本框架。

企业在进行安全风险分级管控体系建设时,应符合国家标准、行业标准以及地方标准,特殊行业也需要遵守其特定的标准。

(4)责任考核文件。建立安全风险分级管控考核奖惩制度,将贯彻落实风险分级管控体系建设实施方案与考核结合起来,将风险分级管控考核与奖惩有机地结合起来。

(5)风险辨识清单。企业安全管理人员在进行风险点排查以及危险源辨识与分析时产生的文件资料,包括但不限于生产车间作业活动清单、生产设备设施清单、职业病危害作业清单、生产车间风险点统计表以及生产车间危险源统计表。

(6)风险评估报告。企业对各种潜在风险的评估报告,应涵盖物理风险、环境风险、人为因素,以及对各种风险的概率和后果严重性的分析等。同时,依据风险分级标准,如《工作场所有害因素职业接触限值 第2部分:物理因素》(GBZ 2.2—2007)等,对相关风险进行分级。

(7)风险分级管控清单。对企业存在的安全风险进行管理控制时,可依据作业活动风险分级管控清单、设备设施风险分级管控清单与职业病危害风险分级管控清单等。

(8)评审记录。企业安全生产管理机构应组织相关人员对风险分级管控体系进行系统性评审,使其符合法律法规要求,适宜企业当下实际情况,切实降低生产安全风险和减少生产安全事故。

69. 企业如何进行安全风险分级管控的教育与培训?

通过进行安全风险分级管控教育与培训,从业人员应了解安全风险分级体系管控知识,学会危险源的辨识、评价和分级,掌握各自岗位的风险点、危险源、职业病危害因素和对应的管控措施,并能熟练实施各自职责内的隐患排查治理工作,以达到提高全员安全意识和知识、增加全员安全主动性、降低生产安全事故和职业病的发生概率、保障全员安全和健康的目的。

（1）建立安全风险分级管控培训制度。安全风险分级管控培训制度是为帮助从业人员了解并掌握安全风险管理的理念、方法和操作流程而设立的，以确保从业人员能够全面理解和有效执行安全风险分级管控措施。该项制度包括确定培训内容、培训方法，以及培训评估、改进与更新等多方面内容。该项制度是企业进行安全风险分级管控的基础支撑，能够在一定程度上促进从业人员教育和培训的顺利开展。

（2）确定安全风险分级管控培训内容及方法。培训内容涉及风险分级管控的内容与标准、工作程序、方法等，主要如下：一是基础知识，包括安全风险分级管控以及风险评估、分级、分类等基础概念；二是风险辨识与评估，即不同类型风险的辨识方法、风险评估和分类方法；三是管控措施和应对策略，即各种安全风险的管控措施和应对策略；四是案例分析与实践，通过真实案例分析、模拟演练等方式加深学习，便于从业人员更好地理解和应用所学知识。此外，企业亦需要确定培训方式，如课堂培训、在线培训以及现场演练等。

（3）留存安全风险分级管控培训记录。一是建立培训记录数据库或系统，使用电子数据库或管理系统存储培训记录，以更轻松地检索和管理信息；二是记录培训基本信息，如每次培训的具体时间、主题、模块和具体内容，确保能够跟踪培训的时间线，并了解从业人员接受的具体知识；三是记录培训的地点，特别是当有多个培训地点时，以确保能够追溯具体的场所；四是记录参与培训的从业人员姓名和编号，以便对从业人员的培训情况进行跟踪；五是记录培训评估和反馈及从业人员的考试成绩，以评估从业人员对培训内容的理解程度。此外，随着培训内容和要求的变化，应及时更新培训记录以反映最新信息。

70. 如何实现风险、隐患一体化管理？

风险、隐患一体化管理是指从风险管控计划开始，编制分级、分专业、分系统的风险管控清单，供各级人员进行风险管控。风险、隐患一体化管理主要包括风险管理需求和隐患管理需求。

（1）风险管理需求。风险管理即开展风险辨识和评估，明确风险类型和等级，对风险清单进行维护和管理，在此基础上结合异常天气、敏感时期、重大活动等进行风险事件的叠加和触发，制定风险管控方案。管控方案一般从管理措施、技术措施与应急准备3个方面编制，具体可以分解为人员与机构建设、预案与制度建设、物资与设备建设、宣教与培训开展等。风险等级的高低根据日常安全工作的执行结果动态调整。

（2）隐患管理需求。隐患管理的目的是对风险管控任务的落实状况进行监督检查，可按照PDCA循环，通过隐患排查、隐患整改，实现闭环管理。其中，隐患整改任务分为在日常管理中实施的制度体系建设、组织机构建设、物资设备建设等。通过建立常态化隐患排查机制，以隐患自查自报、隐患监督核查为主线，基于系统积累的数据分析当前安全管理综合态势，为专项治理提供决策支持。

通常情况下，将风险分级管控设置在隐患排查之前，借助风险分级管控，有效地解决一些检查不到位的问题。从风险分级管控的方面来讲，通常风险管控清单需要分级、分系统编制，便于各级人员更好地开展工作。

71. 如何发挥督导考核在保障安全风险分级管控有效运行中的作用？

督导考核是一种管理和监督机制，旨在评估企业、项目或

六、风险分级管控的支持与完善

个人的绩效，确保其按照规定的标准和目标开展工作。这一过程通常涉及上级机构、管理人员或专业督导人员对被考核实体进行监督、评估和指导，以确保其工作与企业的战略目标和政策要求相一致。督导考核在保障安全风险分级管控有效运行方面，主要从人员、制度两个角度发挥作用。

（1）督导考核的执行主体是企业中的从业人员，包括领导层、管理人员以及相关从业人员。一是明确责任和职权。依据督导考核体系，应有专人负责督导考核工作，并明确相关领导层、管理人员以及从业人员的职责和权利，使其充分了解安全风险分级管控的相关政策、流程和标准，积极参与督导考核。二是对每次考核的结果进行详细记录，建立完善的档案系统。这有助于监督考核过程，也为体系的更新与改进提供参考。三是督导人员应具备相关的安全知识和专业技能，理解风险管控各方面内容。企业应定期对督导人员进行培训，使其保持专业素养。

（2）督导考核制度的建立是企业安全风险分级管控顺利开展的重要支撑。一是明确督导考核体系，制定明确的安全风险分级管控考核标准和流程。这些标准应涵盖安全规程的执行、风险评估的准确性、应急预案的有效性等方面，确保整个体系的全面性。二是用多元化的考核手段，设定督导考核的周期，确保定期对安全风险分级管控进行全面检查。结合定期检查、抽查、突击检查等多种手段，确保对各个环节和岗位的安全风险管控进行全面、多层次的考核。三是设立奖惩机制，强化安全生产责任的落实。对于表现优秀的部门或个人给予奖励，对于未能有效履行安全生产责任的部门或个人采取相应的惩戒措施。四是信息共享。应及时将督导考核的结果共享给相关部门和人员，以便其了解自己的不足之处并采取纠正措施。信息共享有助于形成全员参与的安全文化。

72. 如何实现企业安全风险分级管控的智能化创新？

强化安全生产标准化建设，建立健全安全风险分级管控和事故隐患排查治理双重预防机制，同时借助智能化、信息化手段和现代化的管理方式，在生产作业前辨识危险源、管控风险，在生产作业的过程中排查治理事故隐患，避免事故的发生，已经成为企业进行安全风险管理的重要内容。下面从风险辨识、风险分级以及风险管控三方面，对实现企业安全风险分级管控的智能化创新进行分析。

（1）建立安全风险智能分析系统。运用大数据以及互联网，实现风险点信息的录入，生成风险点信息库；对已划分的风险点进行危险源辨识，制定管控措施并录入系统，自动编制风险管控清单；定期评估风险管控效果，更新风险管控清单；检查项目标准库，实现系统自动抽取风险管控清单中的风险点、危险源、风险等级以及管控措施等内容。

（2）建立安全风险分级智能管理系统。根据企业制定的作业活动风险分级管控清单、设备设施风险分级管控清单的内容，构建功能数据库模型，提供数据输入、编辑、分析和异常处理功能，对数据采集、处理过程中的异常信息进行报警并提示处理措施，同时发送给管控责任人。

（3）建立安全风险防控信息系统。综合考虑系统开发及维护成本、拓展需求及广泛的用户接入需求，保证实现系多用户数据互联互通、风险信息实时录入更新、风险数据整体分析、用户远程即时登录等功能，可采用云架构技术进行部署，利用商业云、政务云、私有云等多种形式的云服务平台，实现系统远程部署升级、数据协同共享、多用户实时交互。同时，云平台的安全保障措施，为系统建设及平稳正常运行打下基础。

73. 智能化风险分级管控平台的基本要求有哪些？

随着互联网、大数据、云平台等新一代信息技术的发展，以及应急管理部办公厅《化工园区安全风险智能化管控平台建设指南（试行）》《危险化学品企业安全风险智能化管控平台建设指南（试行）》的颁布实施，国家层面大力推动新一代信息技术与化工企业安全风险管控工作深度融合，通过构建安全风险分级管控平台为化工企业提供风险感知、分级与应对的全过程风险管控服务，帮助企业达成安全生产动态化达标，确保企业生产工作安全进行。依据《化工园区安全风险智能化管控平台建设指南（试行）》，企业智能化管控平台主体应满足可靠、集成、兼容、可扩展、可维护、安全等性能要求，支撑安全风险管控的信息化、数字化应用需求，并至少满足以下要求：

（1）业务流程覆盖。
（2）功能模块化设计。各模块可单独使用。
（3）集成性。提供开放接口，便于企业与企业之间、企业与相关职能部门及上级政府应急管理部门信息系统对接集成。
（4）兼容性。注重融合化工园区现有信息系统，实现功能互补，数据互联互通。
（5）可扩展性。企业根据自身建设要求，完成基本建设内容，还可以扩展创新应用和场景。
（6）支持跨平台、跨系统运行。支持大屏、电脑端和移动设备。
（7）数据标准化。规范各类信息资源元数据和编码规则，统一数据处理机制。

74. 如何进行智能化风险分级管控的信息平台构建？

为了进一步提高企业建设安全风险分级管控工作的时效性，

强化风险分级管控工作的系统性，智能化风险分级管控信息平台应能够实现风险信息即时传递、分析、管理、处置和多源数据实时融合、分析、共享的功能，通过技术及管理创新，提升信息采集的时效性和准确性，提高风险处置效率，降低安全风险管理的难度。

（1）需求分析。在构建信息平台之前，应进行充分的需求分析。了解企业业务模型、风险类型、数据来源、管理流程等，明确系统需要满足的具体需求，确保平台的设计符合实际应用场景。

（2）数据整合和采集。收集来自内部和外部数据源的信息，包括结构化数据（如数据库、表格）和非结构化数据（如文本、图像）。数据收集能够使系统全面了解企业的风险因素。

（3）智能化技术应用。使用人工智能（AI）和机器学习（ML）技术，通过算法对大量数据进行分析，辨识和预测潜在的风险。例如，可以利用模型来识别异常模式，预测风险发生的可能性，并进行实时监测。

（4）风险分级模型。建立风险分级模型，将风险按照其后果严重性和发生概率进行分类。这有助于系统更好地确定风险管控的优先级，从而有针对性地进行风险防控以及风险分散。

（5）用户界面设计。开发直观易用的用户界面，以便用户能够方便地访问和理解风险信息。可视化和交互式的界面有助于提高从业人员对智能化风险分级管控平台建设的参与度。

（6）实时监控和报警。引入实时监控机制，使系统能够及时发现和响应潜在的风险事件。设置报警机制，当某一风险超过阈值时，系统能够及时通知相关责任人。

（7）决策支持。提供决策支持工具，帮助企业管理层更好地理解风险，并制定相应的管控策略。这可能涉及模拟分析、场景预测等功能。

六、风险分级管控的支持与完善　　97

75. 安全风险分级管控体系如何运行？

开展安全风险辨识最重要的目的是全面掌握项目安全风险情况，以便有效应对安全风险。认识不到风险的存在是最大的风险。仅凭一两个人的知识和经验是无法做到全面辨识风险的，需要群策群力，而设计、施工、技术、设备物资管理人员最清楚现场的安全风险情况。因此，企业应该建立完善的安全风险分级管控体系，使设计、施工、技术和设备物资管理人员深度参与风险辨识。安全风险分级管控体系具体运行流程如下：

（1）成立安全风险管控工作小组。企业应在现有安全管理组织架构的基础上，成立安全风险管控工作小组，成员至少包括项目技术/质量负责人、施工负责人、安全负责人、设备物资负责人、各职能部门负责人、工区/作业队长、班组长等，负责安全风险分级管控的统筹、协调、指导工作。

（2）建立制度体系。企业应贯彻上级及有关单位安全风险管控工作要求，结合实际，制定安全风险分级管控制度，明确相关部门、岗位的工作职责及工作内容，严格落实，并持续不断地检查和完善。对于危险系数高的单位，可以组织专家团队建立风险数据库，全面、系统开展项目全生命周期风险辨识和评估工作；可以制定工作指导书，用于指导安全管理人员及各岗位人员开展安全风险分级管控工作；可以编写安全风险清单、报告、公告等模板，使各项工作保持统一。

（3）开展教育和培训。企业应组织全员开展风险分级管控体系建设的培训，培训内容包括安全风险分级管控体系建设方案、流程、方法、要求等。企业应将安全风险培训纳入项目总体安全培训计划，分阶段、分专业、分层次组织培训，使各岗位人员掌握与本岗位工作相关的风险类别、危险源辨识和风险评估方法、风险评估结果及管控措施。

（4）明确工作程序。安全风险分级管控工作的基本流程：风险点确定→危险源辨识→风险评估→管控层级与控制措施确定→分级管控清单建立→风险公示告知→控制措施实施与监督→调整与纠偏。从人、物、环境、管理等方面全方位辨识生产全过程存在的安全风险，并制定、落实有效的控制措施，以杜绝人的不安全行为和物的不安全状态，改善工作环境，全面提升安全风险防控能力。

（5）采取考核奖惩措施。安全风险分级管控体系的良好运行，离不开有效的监督检查和考核奖惩，特别是对于一项需要全员参与的工作。企业应将安全风险分级管控工作情况纳入对各环节的月度、季度、年度安全生产考核。为提高一线作业人员参与的积极性，可以采取"积分兑换"等奖励措施，以促进安全风险的自主辨识、自主报告。

76. 如何保障全员参与安全风险分级管控建设运行？

风险是随机变化的，也是多种多样的，涉及企业各个环节，且有一定的突发性、隐秘性和复杂性。要想及时发现和管控每一个风险，就需要全流程、全环节实时监控和全员参与。尽早发现和管控风险，才能将损害的程度降到最低。因此，安全风险辨识应该从风险信息的收集开始。全员参与保障了风险信息收集的多角度、多层次，可以了解一线从业人员的看法、意见和建议，集思广益，确保全面辨识风险。为了激励从业人员参与安全风险分级管控建设，企业可以采取安全教育与培训、奖励机制等方式。

（1）全员参与。提高从业人员安全意识最直接和有效的方式莫过于让从业人员直接参与到安全工作中来，从业人员的直接参与可以促使其形成良好的安全行为习惯。安全参与包括自愿参加安全会议，提出安全问题，在安全组织中推进安全项目落实。产品设计人员、工艺人员和设备技术人员最了解产品、生产工艺、生产设备中存在的危险源和诱发隐患的因素；生产现场作业人员是直接接触危险源和隐患的，发现危险源和隐患的机会最大。因此，危险源辨识和隐患排查需要产品设计人员、工艺人员、设备技术人员、生产现场作业人员、相关方等全员参与。

（2）安全文化建设。"全员参与"是安全理念和指导思想，属于安全文化范畴。安全文化建设不充分是导致事故发生的根源。因此，企业建设安全文化是非常重要的。通过激励全体从业人员参与危险源辨识和隐患排查，使其在参与双重预防机制建设工作过程中积累安全知识，提高自身的安全意识，养成积极参与双重预防机制建设的良好安全习惯，进而促使企业形成全员参与双重预防机制建设工作的安全文化氛围。

（3）奖惩制度。为了调动企业从业人员参与双重预防机制建设的积极性，企业可通过采取安全绩效奖惩等有效措施，激励从业人员从生产工艺、设备设施、作业环境、人员行为和管理体系等方面全方位、全过程辨识存在的安全风险，排查存在的事故隐患，确保没有遗漏，并持续更新改进。

（4）完善的安全管理方案。从业人员的安全知识、意识和习惯不是孤立存在的，它们受企业安全管理方案控制，是企业安全管理方案的运行结果。要想营造全员参与安全工作的安全文化氛围，确保从业人员积极参与安全工作，需要企业管理人员制定安全管理方案，构建全员参与双重预防机制建设的工作模式。

77. 企业如何实现安全风险分级管控工作持续改进？

在企业生产经营发展中，创建安全风险分级管控体系的目的是实现安全管理，同时减少经济损失和人身伤亡。为了确保安全风险分级管控体系应用的效果，加大制定安全风险分级管控措施的力度非常重要。基于此，为了提高企业安全风险分级管控水平，持续改进安全风险分级管控工作，必须以自身实际发展情况为基础，结合国家相关政策和其他企业安全风险分级管控成功经验，制定符合自身发展的安全风险分级管控措施。

（1）加强工程技术创新的协同应用。企业在对工程技术进行改革创新时，可以综合考虑安全生产工艺、设备操作人员的专业技能、监督管理水平等内容。对设备操作人员的专业能力提出严格的要求，在设备操作人员操作设备之前，对其进行岗前培训，使其提前了解此项工作的相关内容和注意事项，避免操作设备过程中出现常规错误，影响工作效率。加强监督管理，在生产中应严格按照产品生产工序的基本流程开展作业，若监管单位对其进行检查时发现工序质量不达标，应督促其及时进行校正。

（2）加强管理措施的改革。加强管理措施的改革可以从完善事故隐患排查方案、建立安全风险分级管控制度、建立完善安全管理制度和规程等方面着手。企业管理人员应与风险辨识评估小组进行商讨，依据以往经验制定不同的事故隐患排查方案。由安全管理人员负责企业的安全管理工作，同时制定并落实事故隐患排查责任制，将责任落实到个人，督促相关人员在各自岗位中始终秉持认真负责的态度，积极排查各生产环节中的事故隐患，保障生产安全。建立完善安全管理制度和规程，对有毒、易燃物料实施监控管理，加强对生产设备的日常维护和保养，并将设备维护和保养资料进行精准记录后进行电子档案归档，便于后期对设备进行针对性的维修，加强设备的安全管理。

（3）加大教育和培训力度。为了高效落实安全风险分级管控体系内容，企业需要加大安全教育和培训力度。在企业文化中融入安全管理的相关内容，在宣传企业文化的同时，让从业人员对安全生产有更为全面的认知。企业应对所有从业人员定期进行安全风险分级管控的专题培训，帮助从业人员建立并落实安全生产理念。此外，管理人员还应认识到划分风险等级和实施风险分级管控的重要性，通过各种培训，提高从业人员划分风险级别和管控不同等级风险的能力，从而提升整体风险防控能力。

（4）制定应急管理措施。应急管理措施的制定是为了应对突发事件，避免从业人员在面对突发风险事件时手足无措。对于低风险和一般风险的突发事件，企业可以通过日常应急演练和培训等活动，提高从业人员的应急能力，并对生产过程进行实时监督，做好应急预案；对于重大风险事件，必须立即整改，完善应急救援组织体系，保障应急物资，并通过制定现场处置方案，对风险进行合理控制。

78. 企业如何确保安全风险分级管控体系的常态化运行？

做好安全风险分级管控体系常态化运行，是企业安全生产的基础和前提，也是遏制事故发生的重要途径。为切实做好安全风险分级管控常态化工作，可以采取以下措施：

（1）建立重点风险领域台账。安全生产台账和档案是安全监管工作的基础，是分析安全形势、评估安全风险、排查事故隐患和科学决策的重要依据，是加强安全生产的重要内容，也是当前安全监管工作科学化、规范化、制度化建设的必然要求。

建立重点风险领域台账管理制度，与相关应急演练、安全培训、日常巡视等制度相配套，是建立健全企业安全监管模式的有益尝试，对于推进安全管理模式创新，提高监管水平，促进安全发展有着积极意义。

（2）形成常态化管控机制。企业应该广泛凝聚安全发展工作合力，建立安全风险（含重大事故隐患）常态化管控制度，抓紧抓实安全防范工作。

（3）强化风险隐患管理。企业各部门应定期对工作区域内重大风险进行分析研判，根据实际情况随时调整风险隐患台账；与其他部门以及安全管理人员做好沟通对接，每季度梳理隐患排查治理工作进展情况汇报给企业负责人，以进一步强化安全风险管控，严防生产安全事故发生。

79. 企业如何进行安全风险分级管控可视化？

可视化技术可以将复杂的数据和信息以图形、图像、动画等形式展示出来，帮助人们更好地理解和分析问题。在安全风险分级管控中，可视化技术可以直观展示风险分布，将企业面临的各种安全风险以地图、图表等形式展示出来，帮助企业直观地了解风险的分布情况。可视化表达可快速辨识出潜在的风险，帮助企业及时采取应对措施，避免事故发生。为了确保企业及时采取有效的风险管控措施，企业需要绘制安全风险四色分布图及作业安全风险比较图等表现风险等级。

（1）绘制安全风险四色分布图。将评估出的最高风险等级作为风险单元的风险等级，按照重大风险、较大风险、一般风险和低风险，分别用红、橙、黄、蓝4种颜色标注。按照风险单元的风险评估结果，使用红、橙、黄、蓝4种颜色，将不同等级的风险标注在总平面图或地理坐标图中，绘制风险单元的安全风险四色分布图，有利于风险分级管控。安全风险四色分布图将风险进行可视化和网格化呈现，使风险变得直观，能够有效地提高人们的防范意识。

大部分企业展示的安全风险四色分布图是针对固有风险的，而不是针对现有风险（因现有风险尤其是其中的重大风险、较大风险是有时效性的，一般仅存在一段时间）的。在企业的厂区总平面图上，将各单元的固有风险分别以红、橙、黄、蓝4种颜色进行标示。如果企业发生了重大变更等，可能导致某些单元的固有风险发生变化，此时安全风险分布四色图也会相应发生变化。

（2）绘制作业安全风险比较图。由于作业活动、生产工序等作业安全风险无法在平面图上标注，可以采取柱状图的方式将不同作业活动的风险等级，按照由高到低的顺序进行标注。作业活动以作业区作为基本单元，根据每种作业活动任务的风险等级，由作业区组织绘制作业安全风险比较图。在绘制作业安全风险比较图时，应收集各种作业场景下的安全风险数据，包括事故发生概率、后果严重性、危险源等。根据这些数据，对不同作业场景下的安全风险进行评估，并按照风险等级进行分类。将不同作业场景下的安全风险数据以图表的形式展示出来，以便进行比较和分析。

通过作业安全风险比较图，可以直观地了解不同作业场景下的安全风险情况，从而有针对性地采取相应的安全措施，降低事故发生的概率和后果严重性。同时，这种图表还可以用于企业内部的培训和宣传，提高从业人员的安全意识和操作技能。

80. 为保障安全风险分级管控机制运行，《中华人民共和国安全生产法》有哪些规定？

（1）强化企业主体责任落实。国家对风险管控的重视，推

六、风险分级管控的支持与完善

动我国安全生产工作从管隐患向管风险迈进。企业通过双重预防机制建设，可以将抽象的安全生产主体责任落实到每一个部门、人员的日常安全生产工作之中，以此为基础建立健全全员安全生产责任制。为此，《中华人民共和国安全生产法》不但在第四条中将"构建安全风险分级管控和隐患排查治理双重预防机制，健全风险防范化解机制"纳入企业的安全生产职责，而且将其列为企业主要负责人的主要职责之一。对应在罚则中，《中华人民共和国安全生产法》也将不建立双重预防机制纳入应予以处罚的情形。

（2）重视重大风险的防控和重大隐患的治理。重大风险和重大隐患是企业安全管理的重点，也是防范遏制重特大事故发

生的关键。《中华人民共和国安全生产法》第四十一条第二款强调落实生产安全事故隐患排查治理制度，并增加了"重大事故隐患排查治理情况应当及时向负有安全生产监督管理职责的部门和职工大会或者职工代表大会报告"的要求；第七十四条第二款规定，因安全生产违法行为造成重大事故隐患或者导致重大事故，致使国家利益或者社会公共利益受到侵害的，人民检察院可以根据民事诉讼法、行政诉讼法的相关规定提起公益诉讼；第一百零一条对重大危险源定期检测、告知应急措施等作了规定；第一百一十八条第二款中增加了"制定相关行业、领域重大危险源的辨识标准"的要求。这些均体现出国家遏制重特大事故的决心。

（3）强调信息化在安全管理和监管中的作用，推动安全治理能力提升。信息化是未来安全管理和监管的必然发展方向，是防范化解安全风险的重要手段。《中华人民共和国安全生产法》在第四条中就将加强信息化建设纳入企业的职责之中，并在罚则中将"关闭、破坏直接关系生产安全的监控、报警、防护、救生设备、设施，或者篡改、隐瞒、销毁其相关数据、信息"行为纳入处罚范围；第四十条第二款中要求有关地方人民政府应急管理部门和有关部门在企业上报本企业重大危险源及有关安全措施、应急措施后，"通过相关信息系统实现信息共享"；第四十一条第三款要求县级以上地方各级人民政府负有安全生产监督管理职责的部门在发现重大事故隐患后，将其纳入相关信息系统；第七十九条第二款在国务院有关部门和县级以上地方人民政府建立生产安全事故应急救援信息系统的基础上，增加"实现互联互通、信息共享，通过推行网上安全信息采集、安全监管和监测预警，提升监管的精准化、智能化水平"的要求。

81. 如何发挥监督检查在保障安全风险分级管控有效运行中的作用?

安全风险分级管控是企业安全管理的重要环节,对于保障企业安全生产具有重要意义。监督检查是企业安全管理的重要手段,通过对企业生产过程中的安全风险进行监督检查,可以及时发现和消除事故隐患,确保企业安全生产。负有安全生产监督管理职责的部门是我国安全治理体系的重要参与方,对于提高安全治理效能具有重要作用。《中华人民共和国安全生产法》强调了"三个必须"原则(管行业必须管安全、管业务必须管安全、管生产经营必须管安全),明确了部分部门职责,要求各方形成合力,避免多龙治水的问题;第十条第三款规定,负有安全生产监督管理职责的部门应当相互配合、齐抓共管、信息共享、资源共用,依法加强安全生产监督管理工作。负有安全生产监督管理职责的部门和企业可以采取建立完善的检查机制、加强现场监督检查力度等措施,充分发挥监督检查在保障安全风险分级管控有效运行中的作用。

(1)建立完善的监督检查机制。要发挥监督检查在保障安全风险分级管控有效运行中的作用,首先需要建立完善的监督检查机制。这包括制订明确的监督检查计划,确定监督检查的内容和标准,建立监督检查的流程和规范等。

(2)加强现场监督检查力度。现场监督检查是保障安全风险分级管控有效运行的重要手段。要加强现场监督检查力度,需要对生产现场进行定期或不定期的检查,及时发现和消除事故隐患。

(3)强化数据分析与运用。通过对生产过程中的相关数据进行收集、整理和分析,可以及时发现和预测潜在的安全风险。通过对生产过程中的数据进行实时监测和分析,可以及时发现异常情况并采取相应的措施。

（4）建立有效的反馈机制，对监督检查结果进行及时反馈和处理。对于发现的问题和隐患，需要及时采取相应的措施进行整改和消除；对于好的经验和做法，需要及时总结和推广应用。

七、安全风险分级管控机制应用

82. 一些中小企业从业人员少、技术力量不足时如何建立安全风险分级管控机制？

构建安全风险分级管控机制是一项长期而持续的工作，它不是一项简单的任务或阶段性的工作。在这个过程中，企业需要不断进行风险辨识、评估和管控，以确保企业的安全和稳定。

对于从业人员少、技术力量不足的企业，要强化全员培训，让全体从业人员都接受并自觉践行风险优先的理念。通过培训，从业人员可以学习风险管理的基本知识，掌握风险辨识和隐患排查的基本方法，更好地了解企业的风险状况，并采取相应的措施进行风险管控。

另外，企业可以聘请专家开展首次风险辨识，并制定符合企业实际的、简单实用的风险辨识和隐患排查制度。通过岗位风险告知卡、隐患排查清单等简便易行的措施，确保全体从业人员能理解、会上手、有任务。这样，从业人员明确自己的职责和工作要求，才能更好地进行风险管控工作。

在风险分级管控建设中，要学会抓住主要矛盾，对本企业存在的高风险制定管控措施，落实管控责任。中小企业切忌走入花钱请第三方服务机构制定一大堆文件后束之高阁的歧途。提倡用简单的制度、明确的职责管控本企业的高风险，排查并治理本企业的大隐患，有效防范伤亡事故发生。

83. 安全风险分级管控体系和岗位标准作业流程是什么关系？

安全风险分级管控体系与岗位标准作业流程既相互区别又紧密相关，共同为促进企业的发展而服务，二者之间的关联主要表现在以下几点：

（1）安全风险分级管控体系包含岗位标准作业流程，岗位标准作业流程需要满足安全风险分级管控体系的要求。

（2）岗位标准作业流程充分借鉴并运用安全风险分级管控的成果。

（3）安全风险分级管控体系的落实需要通过岗位标准作业流程实现。

（4）岗位标准作业流程中明确了作业的条件以及危险源辨识和风险控制方法，为使用工作任务分析法进行危险源辨识提供了路径与支撑。

（5）岗位标准作业流程是落实安全风险分级管控措施的有效抓手，岗位标准作业流程对作业人员的"事前、事中、事后"行为进行了限制和规范，提高了风险预控的效果，避免了生产安全事故的发生。

（6）岗位标准作业流程和安全风险分级管控体系的目的具有一致性，二者的根本目的是保障企业的安全生产，降低企业经济损失，促进企业健康可持续发展。

（7）流程化管理是岗位标准作业流程和安全风险分级管控体系的共同特点。

总之，两体系是相互促进、相互作用的，任一体系出现了短板，都会对另一体系产生负面影响。因此，企业在建设两个体系时，不需要将其割裂开，也不需要做重复性工作。此外，两个体系都是动态发展的，需要不断提高认识，在实践中提升企业安全管理水平。

84. 安全风险分级管控与现有安全管理体系的联系与区别是什么？

安全风险分级管控负责在一项工作开始之前，通过评估单元划分、风险辨识过程，辨识生产运行过程中的危险源，分析、评估其风险等级，根据评估结果制定并实施管控措施，即完成第一重防线、第一重风险防控机制。对实施管控措施过程中仍有可能存在的缺陷、漏洞或失效进行辨识，进而制定隐患治理措施，确保风险分级管控措施的有效性，即完成第二重防线、第二重风险防控机制。

安全管理体系是以风险管理为核心的循环机制，由安全策划、风险管理、安全保证和安全促进4个部分组成。安全策划是指建立风险管理的政策环境、组织环境、文件及管理环境。风险管理是安全管理体系的核心，是在设计阶段通过辨识初始危险源，分析、评估风险的可接受水平，并制定风险控制措施的过程。安全保证是在运行中通过持续监控、审核、调查等方式检查、辨识实施风险控制措施后仍然存在或新出现的危险源和风险或失效，确保有效实施风险控制措施并持续实现安全目标。当风险控制措施不完善、运行条件或环境发生变化时，安全保证通过修订或制定新的风险控制措施进行第二重防护。以此类推，进行第三重、第四重、第五重防护直至风险降为可接受水平，将风险控制措施固化并融入程序、规定或规章。安全促进则是通过安全文化、沟通、培训和组织学习等保障、促进安全管理体系实施的有效性。

因此，安全管理体系与安全风险分级管控都是风险管理的循环机制，其运行机制、构架和组成要素也基本相同。不同之处在于安全管理体系是持续风险管理机制，强调风险管理是一个持续的过程，贯穿于生产运行体系的始终；安全风险分级管控虽然未强调危险源辨识和隐患排查持续进行，表面上似乎只是"两次""两重"，但实际上隐患排查也是一个持续的过程，不是"运动式""定期"进行的过程。

安全管理体系作为系统管理工具，目标是建立一套系统的、高度结构化的、闭环的管理体系。安全管理体系的实施主要是从安全保证、风险管理、安全绩效管理和安全生产责任制等方面开展的，有较强的管理因素。安全风险分级管控的核心虽然也是基于风险管理的思想和要求，但更强调"方法论"。安全管理体系的本质要求是实现事故控制，而安全风险分级管控则是将风险降低至可接受的水平。

安全管理体系和安全风险分级管控之间存在着密切的关系，需要相互配合、相互促进，才能更好地保障安全。

85. 为什么说双重预防机制能有效遏制重特大事故？

安全风险分级管控和隐患排查治理双重预防机制着眼于安全风险的有效管控，紧盯事故隐患的排查治理，是一个常态化运行的安全生产管理系统，可以有效提升安全生产整体预控能力，夯实遏制重特大事故的工作基础。双重预防机制基于重特

七、安全风险分级管控机制应用

大事故的发生机理,从重大危险源、人员暴露和管理的薄弱环节入手,按照问题导向,坚持重大风险重点管控;针对重特大事故的形成过程,按照目标导向,坚持重大隐患限期治理,有针对性地防范遏制重特大事故发生。

双重预防机制就是构筑防范生产安全事故的两道防火墙。第一道是管风险,以安全风险辨识和管控为基础,从源头上系统辨识风险、分级管控风险,努力把各类风险控制在可接受水平,杜绝和减少事故隐患。第二道是治隐患,以隐患排查和治理为手段,认真排查风险管控过程中出现的缺失、漏洞和风险控制失效环节,坚决把隐患消灭在事故发生之前。可以说,安全风险管控到位就不会形成事故隐患,隐患一经发现及时治理就不可能酿成事故,要通过双重预防机制,切实把每一类风险都控制在可接受水平,把每一个隐患都治理在形成之初,把每一起事故都消灭在萌芽状态。

86. 如何实现双重预防机制和安全生产标准化的融合应用?

(1) 双重预防机制是安全生产标准化的重要部分,要将双重预防机制融入安全生产标准化体系。

安全风险分级管控和隐患排查治理在安全生产标准化中都有体现,但只有框架,具体内容不详细,对于双重预防机制建设具体如何开展没有要求。因此,要将双重预防机制的具体要求融入安全生产标准化,组织开展危险源辨识、编制风险清单、进行风险评估、制定管控措施、明确管控责任人和风险监控等具体措施。在实施过程中,要调动安全生产标准化各个要素,以安全生产标准化要素联动保障双重预防机制建设,实现事故的可防可控。譬如,双重预防机制的建设需要制度要素的支撑,需要组织机构要素来保障,需要培训教育要素培养合格的从业人员，辨识风险需要考虑作业管理要素和生产设施及工艺安全要素。

（2）以安全生产标准化的自评和持续改进验证双重预防机制的效果。

双重预防机制开展得好不好，企业事故是否已经可防可控，需要进行验证。安全生产标准化是一个 PDCA 闭环体系，通过安全生产标准化的检查与自评要素，发现系统存在的安全问题和隐患，对于检查出的问题进行原因分析，可以找出企业有哪些类型的风险是失控的或者没有辨识出来，进而继续推进双重预防机制建设。

87. 如何通过创新安全风险分级管控机制来提高企业安全管理工作的质量？

为有效提高企业安全管理工作的质量，减少生产安全事故，可对安全风险分级管控机制进行创新，具体创新流程如下：

（1）辨识危险源。在企业生产过程中，只有准确地辨识危险源，才能有效防范风险。企业内部的危险源主要包括其自身与外界因素导致的风险，如设备、原料、环境、技术等风险。对于潜在的危险源，安全管理人员不仅要对其进行辨识，还要对其进行分级，提前预测此危险源会导致的后果。对不同类型的危险源，要选择不同的评估方式。

（2）实行风险分级。辨识危险源后，要对其进行风险分级。

（3）区域风险分级评估。危险源辨识并分级后，就要进行区域风险分级评估。企业在实际生产过程中会进行区域划分，不同的区域，危险源不同，风险也就不同。因此，为明确风险结果，企业应合理规划风险区域。例如，机械设备可划分为较低风险区域，化学物品可划分为重大风险区域。将各区域内的危险源进行分级评估，并用"红橙黄绿"标识，其中红色为重大风险。所以，当某个区域出现红色标识时，应及时处理，避免发生生产安全事故。

（4）制定管控方案。风险评估完成后，要制定相应的管控方案。对于不同等级的风险，应采用不同的管控措施。对于无风险或较低风险，无须进行管控，只要在日常生产过程中加强关注并备案记录即可；对于一般风险，要采取相应措施并及时调整；对于较高风险，要立即采取处理措施，加强管控，以降低风险；对于重大风险，要立即停止运行和操作，当其风险等级降低后才可再次运行。制定管控方案后，为各个风险区域配备相应的管控人员，并划分相应的管控等级：一线从业人员为一级，安全管理人员为二级，风险管控部门或领导为三级。通过不同的管控等级控制各个区域的风险，以提高风险管控效果。

（5）积极应用信息化技术。信息化技术的应用创新了安全风险分级管控机制的基本框架。对于企业的风险数据，可通过信息化技术将其导入企业内部，形成风险数据库，同时在数据库内记录风险等级，以便工作人员能够直观地了解风险情况，使风险评估体系更标准。通过风险数据库，对潜在的事故隐患进行信息化处理，以便及时完成隐患排查工作，提高工作效率。

（6）持续改进。风险分级管控需要不断改进、定期评估和更新风险分级模型，确保其与企业的变化和发展保持一致。

88. 岗位标准作业流程与安全风险分级管控体系的融合路径是什么？

（1）为了确保安全风险分级管控体系的有效性，需要对风险评估工作给予足够的重视。企业的风险评估工作包括正式风险评估和非正式风险评估，而岗位标准作业流程中工作任务的检查环节是非正式风险评估的重要体现。标准作业流程中"可消除的危险源""可消除的不安全行为"是对安全风险的判断，是安全风险分级管控体系的重要组成。因此，在岗位标准作业流程的编制中，必须涵盖关键的检查环节，从而满足安全风险分级管控体系的要求，避免生产安全事故的发生。

（2）岗位标准作业流程与工作任务分析法结合。工作任务分析法是安全风险分级管控体系中危险源辨识的具体方法，与岗位标准作业流程中任务步骤的分解，在实际应用过程中存在一致性。针对某项特定的工作任务，首先需要将该项任务划分为多道工序并对每项工序中的风险因素进行评估，根据岗位标准作业流程的要求，将该项任务作业标准、操作步骤、安全要求以及相关制度等以清单的形式罗列出来，同时要对重大危险源进行管控，作业人员及管理人员必须进行风险评估并制定相应的管控措施，作业前及作业中明确风险警示。对作业工序中的危险因素进行重点管控，能有效促进危险源辨识与岗位标准作业流程的结合，从而提高生产作业规范性和安全性。

（3）岗位标准作业流程中应有执行条件的标示。安全风险分级管控体系中对危险源的状态进行了规定，包括紧急、异常和正常。为此，在岗位标准作业流程的编制中，需要按照风险管理的要求，对作业流程的风险状态进行辨识和评估。以采煤机作业为例，按照既定的作业流程进行工作属正常状态，风险可控，但是处于异常或者紧急状态时就需要调整作业流程，避免生产安全事故的发生。因而在标准作业流程编制中，需要对危险源的正常、异常和紧急3种状态进行考虑，并提出正常状态下作业流程的执行调校以及异常、紧急状态下的特殊作业方法。

（4）不安全行为标准的编制需要与岗位标准作业流程成果结合。作业人员的行为控制是安全风险分级管控中的重难点内容。在进行不安全行为标准以及管控文件的编制时，应考虑岗位标准流程的要求，做到紧密结合，不按照标准流程作业的行为应纳入不安全行为标准中。此外，编制岗位标准作业流程时，也应对不安全行为标准中的规定进行考量，避免把不安全行为纳入岗位标准作业流程中，确保二者的相互适应性。

（5）岗位标准作业流程要满足安全风险分级管控体系的要求。岗位标准作业流程是根据生产经验，结合生产理论，对作业活动的工序、步骤和流程进行规定，并制定相应的固化标准，从而对岗位的作业活动风险进行控制。因而，岗位标准作业流程在一定程度上可以对作业人员的不安全行为进行控制。安全风险分级管控体系作为企业风险防控的重要手段，需要对岗位标准作业流程提出相关的要求，以提高岗位标准作业流程的合理性和安全性，共同为企业的健康发展服务。

89. 安全风险分级管控如何与安全生产责任制相融合？

（1）安全风险分级管控明确各级管理人员和从业人员的安全生产责任。风险辨识的根本目的是进行有效的风险管控，实现"三个必须"的直线责任监管和安全综合监管的双重监管责任落实。根据不同的作业活动和设备设施的风险等级，结合企业组织构架及管理人员分管业务，按照"上级管控的风险下级必须管控"的原则，形成从上到下、岗位全覆盖的安全生产责任网格图，严格管控风险，确保安全生产责任立足于每个岗位。建立总体监管，部门级、班组级、员工级三级管控的风险管控模式，明确各级管理人员在风险管控中的层级及责任。

按照"谁主管、谁负责"和"横向到边、纵向到底"的原则，明确主要负责人、分管负责人、部门第一责任人、班组及岗位人员的隐患排查治理责任要求，并将风险分级管控及隐患排查治理工作纳入安全绩效考核管理，形成分工负责、分级负责的风险分级管控和隐患排查治理模式。

1）主要负责人是安全风险分级管控第一责任人，对安全风险分级管控全面负责。

2）安全生产管理机构负责安全风险分级管控实施监督、管理、考核。

3）各部门负责人具体负责实施分管系统范围内的安全风险分级管控工作。

4）班组长负责本作业区域和工艺工序的安全风险分级管控工作。

5）岗位人员负责本岗位的安全风险辨识管控。

（2）风险分级管控促进安全生产主体责任落实。安全生产责任制是指企业对安全生产工作进行组织、领导、管理和监督的一种制度。它落实了企业的安全生产主体责任，保障了企业

七、安全风险分级管控机制应用

从业人员、社会公众和环境的安全,对于企业的可持续发展起到了重要的作用。建立完善的安全生产责任制,有助于塑造良好的企业形象,增强企业的社会信誉度。

企业应继续深入推进风险分级管控建设,盯住关键少数,抓风险预控,抓隐患排查治理,压实各层级安全生产责任,营造依法决策、照章管理和按规程操作、遵章守纪的氛围,有效防范和杜绝各类事故的发生,扎实做好各项安全生产工作,确保安全生产。企业应重点做好以下几项安全工作:

1)要以安全绩效考核为手段,把风险分级管控和隐患排查治理双重预防机制作为重要考核内容,压实各级的责任。

2)要创新方式、方法,吸引广大从业人员参与到安全风险分级管控和隐患排查治理双重预防机制建设工作中来,确保安全风险确定的专业性、合规性,确保隐患排查的群众性、实效性,提升本质安全水平。

3)要加强管理人员、班组长和骨干的双重预防机制培训,培养风险预控的习惯,让他们在企业中发挥表率、引领、示范作用。

4)将综合检查拆分为各专项检查,规范检查记录,建立专项检查人员库并进行检查技能培训,明确检查人员权利与责任。逐步利用技术对安全检查进行监管。

企业应以安全培训、安全考核为抓手,建立安全培训体系、安全生产责任体系、双重预防机制。坚持文化引领、培训先行、风险预控、考核到位、落实责任、持续改进的总要求,深入推行安全风险分级管控和隐患排查治理双重预防机制,激发每个生产主体的安全意识,推动安全生产关口前移。应明确各级管理人员和一线从业人员的安全生产责任,加强风险管控,有效预防和减少事故的发生,保障从业人员的生命安全和财产安全,提高企业的综合竞争力。

90. 如何基于双重预防机制数据实现安全风险的动态评估？

（1）信息化建设。企业应采用信息化管理手段，建立安全生产双控管理平台。平台应具备安全风险分级管控、隐患排查治理、统计分析及风险预警等主要功能，实现风险与隐患数据应用的无缝链接；应具有保障数据安全、权限分级功能。宜使用移动终端提高安全管理信息化水平。

通过信息化平台智能化运作，专业赋能，动态管控，全员参与，过程留痕，有效解决企业安全制度落地、从业人员安全教育培训、风险分级管控与隐患排查治理等各项安全管理难题。

根据工作内容和工作区域不同，企业安全管理人员可以指派专人为其发放任务，从而使企业每一个部门、每一个岗位、每一个人员都能落实安全生产责任。

安全生产双控管理平台内设安全风险分级管控与隐患排查治理、安全交底管理、巡查管理、应急管理、方案报审、标准图集等功能，对项目安全进行全方位的管理，提供检查项目的参考标准和检查方法，对检查的优劣项进行分析，通过建标系统形成企业管理标准。其中，安全风险分级管控与隐患排查治理系统可实现风险源辨识、风险评估、风险分级管控、隐患排查、隐患治理、持续改进的 PDCA 闭环管控，各类风险管控数据表单一键生成，简单高效。

（2）安全风险分级管控功能模块。系统利用风险数据库的数据支撑，实现基层管理人员风险辨识登记、评估分级、管控措施制定、排查计划制订等一系列风险分级管控工作，实现对安全管理标的风险源头治理、关口前移，对管理区域内的风险隐患进行全面汇总，输出符合风险分级管控相关管理要素的清单、报表，方便管理人员开展工作。

（3）隐患排查治理模块。系统涵盖了事故隐患排查治理各环节基本要素和工作内容，实现以事故隐患排查治理业务流为主线的移动线上管理机制，处理流程清晰、简洁、快速、灵活，可对隐患排查治理工作进行及时、有效的跟踪，实现并完成隐患排查、上报、整改、复查、记录留痕、表单存档等一系列闭环工作。

（4）安全管理资源库。安全管理资源库包含文件资料库、规范标准库、风险隐患库、安全应急预案。系统实时上传企业内部管理文件、安全教育培训资料、安全应急预案，内置现行有效施工安全规范、标准及建筑业千余条风险隐患数据，通过个人电脑端或手机移动端可实时进行线上查阅和维护。

（5）数据管理中心。系统自动汇集、统计安全管理实时数据，通过数据看板协助管理人员同步掌握安全管理状况，管理人员可通过系统数据追根溯源，进行管理改进。

（6）安全教育记录。安全教育是企业安全生产的一项重要工作，是贯彻"安全第一、预防为主、综合治理"方针，实现安全生产、文明作业以及提高从业人员安全意识和减少风险事故的有效途径。

（7）安全管理日志。安全管理日志功能模块为安全管理人员提供了安全生产日志在线记录功能，安全管理人员可通过手机移动端或个人电脑端填写安全管理日志，同时为企业安全管理监管工作提供可视化端口。

综上所述，通过双重预防机制数据，安全生产双控管理平台可帮助企业做到隐患不排查系统有察觉、整改不及时系统有警示、责任不落实系统有考核、效果不提升系统有评估，构建企业安全管理新模式，落实安全生产责任，推动企业安全发展。